一流规划教材

研究生系列教材

物 理

半导体器件物理导论

INTRODUCTION TO THE PHYSICS OF SEMICONDUCTOR DEVICES

向 斌 主编

中国科学技术大学出版社

内 容 简 介

本书主要介绍半导体器件基本原理相关内容,反映当今半导体器件在概念和性能等方面的最新进展,可以使读者快速地了解当今主要半导体器件,如双极、场效应、微波和光子器件的性能特点。内容包括:半导体基本知识、半导体 pn 结、金属-半导体接触、金属-氧化物-半导体场效应晶体管、双极晶体管、结型场效应晶体管、光器件、高压功率器件、器件微纳加工技术、半导体器件辐射效应。本书适合研究生和高年级本科生学习使用,也可以作为半导体科研人员的参考书。

图书在版编目(CIP)数据

半导体器件物理导论/向斌主编. —合肥:中国科学技术大学出版社,2024.1
ISBN 978-7-312-05803-5

Ⅰ. 半⋯ Ⅱ. 向⋯ Ⅲ. 半导体器件—半导体物理—高等学校—教材 Ⅳ. ① TN303 ② O47

中国国家版本馆 CIP 数据核字(2023)第 232745 号

半导体器件物理导论
BANDAOTI QIJIAN WULI DAOLUN

出版	中国科学技术大学出版社
	安徽省合肥市金寨路 96 号,230026
	http://press.ustc.edu.cn
	https://zgkxjsdxcbs.tmall.com
印刷	安徽省瑞隆印务有限公司
发行	中国科学技术大学出版社
开本	787 mm×1092 mm 1/16
印张	9.5
字数	238 千
版次	2024 年 1 月第 1 版
印次	2024 年 1 月第 1 次印刷
定价	40.00 元

前　　言

　　当下各种智能电子设备广泛使用,从智能手机到计算机,从医疗设备到航天器等。这些设备背后的技术成就得益于半导体器件的快速发展。半导体器件作为现代电子学的基础,它的发展推动了整个电子行业的快速进步。在这样一个人工智能快速发展的时代,科学技术与经济的竞争归根到底是人才的竞争。中国半导体产业的快速发展,对于半导体技术人才的需求也在不断增加。而目前国内半导体专业人才仍然是紧缺的。因此学习和研究半导体器件物理相关知识,并加强对半导体器件物理相关领域的人才培养,具有非常重要的现实意义和战略意义。

　　笔者在中国科学技术大学讲授"半导体器件物理"课程的过程中,意识到学生急需一本易学的半导体器件教材。正是在这种强烈欲望的推动下,笔者将近年来的教学资料整理成《半导体器件物理导论》一书,以飨读者。本书内容丰富、精练,着重介绍半导体器件的基础知识,对问题的叙述基于基本物理图像,以说透物理意义为主,尽量少用数学公式,不作数学推导。笔者用通俗易懂的文字把器件原理的物理图像呈现给读者,旨在帮助读者更好地理解半导体器件的工作原理和性能,为读者具备设计和优化新型器件的能力建立一个扎实的学科基础。本书可作为高等院校微电子技术专业四年级本科生和一年级研究生的教学用书。希望本书的出版能够使读者对半导体器件有一个初步的认识和了解,进而吸引更多的年轻人加入半导体器件的研究中来,为国家半导体芯片事业的发展注入活力。

　　这里我还要特别感谢张颖、郑博、王莎莎、马响、谈海歌、冯艳、李瑞敏、王昌龙、黄丽臻、吴俊杰等对本书的贡献。没有他们的辛勤工作和参与,本书难以保质保量完成,真诚地感谢他们。

　　最后,感谢中国科学技术大学研究生教育创新计划教材出版项目的资助,使本书得以顺利出版。

向　斌

2023 年 5 月

于中国科学技术大学

目　　录

第1章 半导体基本知识

1.1 电子材料及其分类

在讨论半导体器件及其物理性质之前,我们先对电子材料进行简单介绍。电子材料和半导体器件之间具有密切的关系。半导体器件是通过对半导体材料进行控制和加工制造而成的,因此半导体器件的性能受到电子材料性质的影响。同时,电子材料的制备和性质研究也需要依赖半导体器件的测试和分析技术。例如,半导体材料的能带结构和载流子迁移率等特性决定了半导体器件的性能,而半导体器件的测试和分析技术也可用于其材料的研究和制备。因此,电子材料和半导体器件的研究是相互促进的,两者之间的关系非常紧密。

电子材料是当前材料科学领域的重要研究方向,它是制作电子元器件和集成电路的核心。通常根据电子材料的物理性质,将其分为导电材料、超导材料、半导体材料、绝缘材料、压电和铁电材料、磁性材料、光电材料和敏感材料等。制成元器件和集成电路后,电子材料还需具备一致性和稳定性,能够在各种恶劣环境下稳定运行。目前对电子材料的环境要求越来越严格,主要表现在以下几个方面:

(1) 温度:电子产品一般要在 $-55 \sim +55\ ℃$ 范围内使用;如果用于航天装置,低温会延伸到 $-190\ ℃$ 或接近热力学温度的零度($-273\ ℃$);在反应堆中,工作温度高达 $700\ ℃$,甚至 $1200\ ℃$。

(2) 压力:电子产品一般在标准大气压下工作;但是用于航天设备时,真空度约为 $10^{-11}\ Pa$;在海洋深处应用时,其压力高达数千标准大气压。压力的改变,会引起电子材料耐压强度下降、密封外壳变形和散热效率降低,器件性能恶化等现象。

(3) 湿度:在接近海洋、湖泊地区应用电子产品时,其周边湿度经常达饱和状态,而此时物体上的水膜可厚达几十微米,这会对电子材料产生不良影响,还会引起电子材料绝缘性能下降,发生击穿和短路等现象。

(4) 环境中的化学颗粒及尘埃:工业区的空气中往往含有多种成分的酸、碱、盐等颗粒,它们会腐蚀电子材料,降低绝缘材料电阻和击穿电压。沿海地区的盐雾含量一般为 $2 \sim 5\ mm^3/m^3$,这会导致材料的表面覆盖一层导电层,使材料表面的漏电导增加,并能引起材料腐蚀和加速材料的老化。

(5) 辐射:太阳中的紫外线、潮湿条件下的日光照射,都能引起材料的氧化;雷雨天气时产生的臭氧以及宇宙空间的 a、b 等高能粒子的辐射等,都会使电子材料变质或分解。

(6) 机械因素:电子产品碰到的运载环境中的机械因素主要指冲击、振动和离心力等。例如,在坦克、飞机、火箭、卫星等运载工具上,其振动频率的范围为 $10 \sim 2000\ Hz$,有时高达

5000 Hz。这些机械的作用将会降低材料的耐疲劳强度和加速元器件老化。

上述讨论告诉我们,在利用电子材料进行元器件和集成电路设计加工时,需要充分考量电子材料的结构与性能及工艺之间的相互关系。本节我们简单介绍一下金属导电材料和绝缘材料。而对于半导体材料,我们在下一节再做详细论述。金属导电材料主要用于半导体器件的导线连接;绝缘材料主要用于半导体器件的电容器结构。

金属导体是最常见的导电材料,其内部原子晶格中存在多个自由电子,这些自由电子能够在电场作用下流动,从而传导电流。常见的金属导体有铜、银、金等,它是电子元器件和集成电路中应用最广泛的一种材料,主要用来制造传输电能的电线电缆,传导电信息的导线、引线和布线。金属导电材料的主要特性是具有良好的导电性能。当然,除了导电性外,有时还要求导电材料具有足够的机械强度、耐磨、弹性大、耐高温、抗氧化、耐腐蚀、高热导率等特性。国际电工委员会(IEC)规定,电阻率为 1.7241 $\mu\Omega \cdot cm$ 的标准软铜的电导率为 100%,其他材料的电导率与之比较,以百分电导率表示。

绝缘材料是一种电气材料,其电导率极低,几乎不导电。这种材料通常用于隔离电子元器件和电路中的导体,以防止电路短路或漏电。绝缘材料具有高的绝缘电阻、耐电压、耐高温和机械强度大等特性。根据用途和性质的不同,绝缘材料可以分为多种类型,如有机绝缘材料、无机绝缘材料、复合绝缘材料等。有机绝缘材料通常由高聚物、橡胶、纸张等制成,具有较好的柔性和加工性能,但在高温、潮湿等恶劣环境下易老化、分解或变质。无机绝缘材料一般由硅酸盐、陶瓷等制成,具有较好的耐高温、耐腐蚀性和较长的使用寿命。复合绝缘材料是两种或两种以上绝缘材料的复合体,能够兼顾多种性能。在电子领域,绝缘材料用于制造电容器、绝缘层、绝缘垫片和电线等。制造电子元器件时,绝缘材料的选择应考虑到使用环境、工作电压、电磁干扰等因素。绝缘材料的性能和质量对提高电子元器件的可靠性和稳定性具有重要作用。

1.2 半导体材料的特性

作为理解各类半导体器件性质的基础,本节概述半导体材料的晶体结构、能带、载流子及输运行为等特性。半导体是一种介于金属导体和绝缘体之间的材料,其电导率也介于两者之间。半导体的电子带隙较小,使得它们能够被激发到导带中。对于 n 型半导体,杂质原子中掺入的电子数比本征半导体中的电子数更多;而对于 p 型半导体,则是掺入的空穴更多。半导体工业是目前发达且重要的电子工业之一,其产品被广泛应用于计算机、通信、医疗和能源等领域。

1.2.1 半导体的原子构成

半导体的种类非常多,其中传统半导体材料包括硅、锗、砷化镓、磷化铟等。例如,由单原子组成的材料主要包括硅(Si)和锗(Ge),它们具有良好的电学和热学性质,可以在宽温度范围内工作,因此被广泛应用于电子学领域,如晶体管、集成电路等。硅和锗材料价格低廉,制备工艺成熟,而且在半导体领域中已经有着几十年的应用历史,因此是最常用的半导体材料。同时,硅还是太阳能电池的重要材料之一。而由双原子组成的典型半导体材料主要由 Ⅲ-Ⅴ、Ⅱ-Ⅵ 及 Ⅳ-Ⅵ 族元素化合而成,例如砷化镓(GaAs)或锑化铝(AlSb),它们具有优异的电子迁移率和高的电子浓度,使得它们在电子学和光电子学领域有着广泛的应用。其中锑化铝的带隙比砷化镓宽,因此可以应用于高温环境下。在半导体器件中,锑化铝被广泛应用于制造高功率、高频率的微波器件、放大器和 MOSFET 等。当然我们也可以制备三元化合物半导体甚至更复杂的半导体材料,为选择材料属性提供了灵活性。表 1.1 罗列了部分单质半导体以及由元素所组成的化合物半导体和合金半导体。这些半导体材料在电子学领域中得到广泛应用。它们具有良好的半导体特性,可以控制电流的流动,同时还有稳定的化学和物理特性,被认为是最重要的半导体材料。

表 1.1　半导体材料

一般分类	符号	半导体名称
单质	Si	硅
	Ge	锗
化合物		
（a）Ⅳ-Ⅳ 族	SiC	碳化硅
（b）Ⅲ-Ⅴ 族	AlP	磷化铝
	AlAs	砷化铝
	AlSb	锑化铝
	GaN	氮化家
	GaP	磷化家
	GaAs	砷化家
	GaSb	锑化家
	InP	磷化锢
	InAs	砷化锢
	InSb	锑化锢
（c）Ⅱ-Ⅵ 族	ZnO	氧化锌
	ZnS	硫化锌
	ZnSe	硒化锌
	ZnTe	硫化锌
	CdS	硫化镉
	CdSe	硒化镉
	CdTe	碲化镉
	HgS	硫化汞
（d）Ⅳ-Ⅵ 族	PbS	硫化铅
	PbSe	硒化铅
	PbTe	碲化铅

续表

一般分类	符号	半导体名称
合金		
（a）二元合金	$Si_{1-x}Ge_x$	
（b）三元合金	$Al_xGa_{1-x}As$（或 $Ga_{1-x}Al_xAs$）	
	$Al_xIn_{1-x}As$（或 $In_{1-x}Al_xAs$）	
	$Cd_{1-x}Mn_xTe$	
	$GaAs_{1-x}P_x$	
	$Ga_xIn_{1-x}As$（或 $In_{1-x}Ga_xAs$）	
	$Ga_xIn_{1-x}P$（或 $In_{1-x}Ga_xP$）	
	$Hg_{1-x}Cd_xTe$	
（c）四元合金	$Al_xGa_{1-x}As_ySb_{1-y}$	
	$Ga_xIn_{1-x}As_{1-y}P_y$	

1.2.2 半导体晶体结构

半导体材料一般包括单晶、多晶和非晶材料。原子长程排列有序称为单晶；原子长程排列无序，但是短程排列有序称为多晶；而原子在长程和短程排列都无序时称为非晶，如图 1.1 所示。半导体的导电性能介于金属和绝缘体之间。半导体材料的电阻率在外加电场作用下变化较大，有良好的电阻变化性能。在半导体材料中，电子导带和价带之间的能隙较小，电子在受到外界激励后可以跃迁到导带中，从而形成电流。其电学特性不仅与其化学组分相关，同时也与其原子不同周期性的排列有关。因此，我们有必要研究半导体的晶体结构。

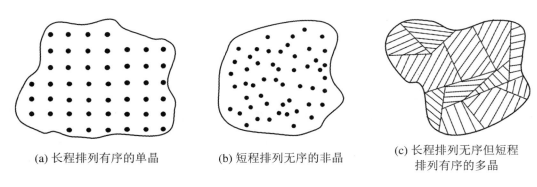

(a) 长程排列有序的单晶　　　　(b) 短程排列无序的非晶　　　　(c) 长程排列无序但短程排列有序的多晶

图 1.1　三种不同原子排列的类型

首先，我们需要研究如何描述原子在晶体内的空间位置。简而言之，单胞是对于任何给定的晶体，可以用来形成其晶体结构的最小单元。单胞是晶体学中的一个概念，指的是晶体中最小的具有对称性的重复单元。晶体是由多个单胞通过晶格平移对称操作得到的，单胞的形状和大小取决于晶体的对称性和晶胞参数。因此在描述材料体系的整个周期格子或周期格子的物理特性时，只需考虑其单胞即可。单胞可有规律地相邻堆积成材料体系的完整周期格子。但注意,有两点容易引起人们的误解:一是单胞无需唯一(图 1.2);二是单胞无需是最基本的(可能是最小单胞)。

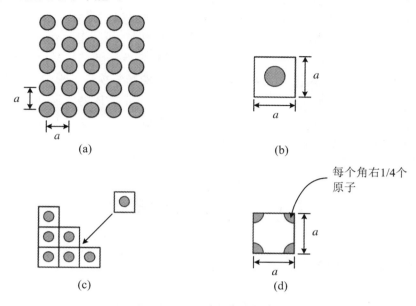

图 1.2　晶体内原子排列的情况

(a) 二维格子;(b) 与(a)部分格子一致的单胞;(c) 二维格子的可重组性;(d) 另一种可选的单胞。

图 1.3 表示用简单三维立方单胞来描述三维晶体的示意图。图 1.3(a)是简单立方晶格,由平行的二维单元格子构成,可以把图 1.3(b)所示的晶格(每个顶点的原子为近邻八个

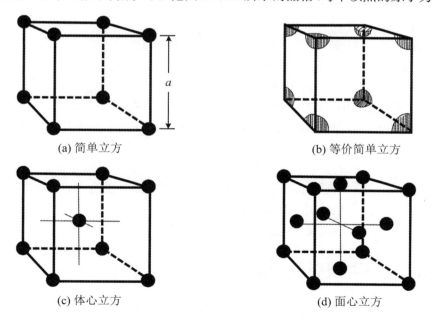

(a) 简单立方　　　　　　　　　　　(b) 等价简单立方

(c) 体心立方　　　　　　　　　　　(d) 面心立方

图 1.3　简单三维立方单胞

(a) 简单立方单胞;(b) 等价简单立方单胞每个顶点的原子在简单立方晶格中只有 1/8 个原子;(c) 体心立方单胞;(d) 面心立方单胞。

晶格所共有,因此每个晶格只占 1/8 个顶点原子)像堆积木一样,堆成一个简单立方格子。图 1.3(c) 和图 1.3(d) 代表了两种较为复杂的立方单胞。其中,面心立方单胞是晶体中的一种基本单胞,也叫作 fcc 单胞。它是由四个原子在一个正方形的平面上形成的,每个原子与相邻原子之间有相等的距离。面心立方单胞每个面内的原子实际上只相当于半个原子。在三维空间中,这四个原子形成一个正方形的底面和平行于该底面的四条立方体对角线。体心立方单胞也叫作 bcc 单胞,它是由两个原子在正方体的相邻顶点上形成的,这两个原子在正方体的对角线上。在三维空间中,这两个原子形成一个正方体的底面和一个垂直于底面的对角线。简单立方单胞包含一个原子(立方体八个顶角的每个顶角只包含 1/8 个原子),而体心立方和面心立方单胞各包含两个和四个原子。

1.3　半导体能带结构

1.3.1　电子和空穴

载流子是材料在空间中输运电荷而形成的电流载体。通常在半导体中存在两种载流子:电子和空穴。其中,电子带负电,空穴带正电,它们是在电场的作用下,能做定向运动的带电粒子。它们是半导体中的主要电荷载体。在纯净的本征半导体中,自由电子和空穴的浓度相等,因此其电导率比较低。但是,通过杂质掺杂可以引入额外的自由电子或空穴,从而可以显著提高半导体的电导率。载流子在半导体中的运动受到材料中杂质类型、浓度和温度等多个因素的影响。

电子作为载流子容易理解,因为物质中的原子是由原子核和核外电子组成的,在一定条件下挣脱原子核束缚的自由电子可以运动,进而产生电流。而所谓空穴,其实是由于电子的缺失而留下的空位,如半导体中的价键空位。这就好像教室的座位与学生的关系,假设一排座位共有 20 个,从左边开始按顺序坐了 19 个学生,最右边有 1 个空位,如果最左边的学生走到最右边的空位上去,那么最左边的座位就空出来了。看起来好像是空位从右边移到了左边,这是一种相对运动:整排学生从左到右的移动,相当于一个空位从右到左的移动。从这也就能看出,一个空位的运动,相当于一大群学生的运动。但是设想在描述这类运动时,采用数量较少的空位这个概念来描述数量很多的学生的运动,显然要方便得多。但是本质上说,空位只是一大群学生的另一种表述而已。同样道理,带负电的电子的运动,可看作带正电的空穴的反方向运动;而空穴只是一大群价电子的另一种表述而已。

1.3.2　半导体导带及价带

晶体由原子构成,而原子又由原子核和核外电子构成。那么原子是依靠怎样的相互作用,结合成晶体的? 通常是以这几种情形的化学键来结合:离子性结合、共价结合、金属性结合、范德华结合。电子绕原子核运动是沿一定轨道运转的,而不是任意乱跑的。电子间存在复杂的电磁作用,其不同轨道的电子具备的能量也不相同,更不是任意运动的,如图 1.4 所示。

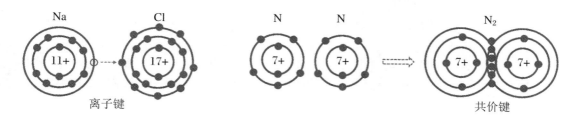

图 1.4　离子键和共价键示意图

如果把这些能量按其大小由小往大排列,就形成一个能量阶梯,通常称为能级,如图 1.5(a)所示。如果两个原子距离逐渐缩小,那么原子间将产生相互作用,使原来在各自原子内的电子运动同时受到另一个原子的影响。于是电子能量发生变化,从能级图看,就组成了新的能级,如图 1.5(b)所示。这时挣脱了各自原子核束缚的电子不再局限在各自的原子内运动,而是通过电子云的相互交叠,从一个原子转移到另一个原子。进一步,我们可以推广到由大量原子组成的晶体,由于各个原子间距的逐渐缩小,相互作用逐渐增强,各个原子的电子云也相互交叠,从而电子运动可以遍及整个晶体。例如,N 为单位晶体中的原子数,则对应原来的一个能级(如 1 s)重新组合为 N 个间隔相等的能级(N 个"1 s"能级)。由于 N 很大(约 $10^{23}/\mathrm{cm}^3$),从而能级间间距很小,所以 N 个能级可以看成连成片的一个带,通常叫作能带,如图 1.5(c)所示。

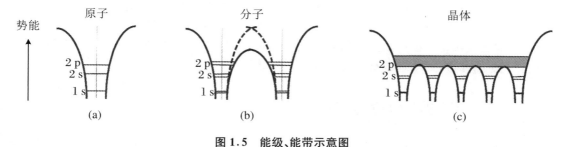

图 1.5　能级、能带示意图
(a) 单原子的能级图;(b) 单分子的能级图;(c) 晶体的能带图。

1.3.3　有效质量

质量同电荷一样,是电子和空穴具有的另一基本属性。不过与电荷不同,晶体中电子和空穴的有效质量不是简单的属性。在固体物理学中,有效质量是描述电子在晶格中运动的物理量。在晶体中的电子和空穴的有效质量不同于真空中电子的质量,因为晶体中电子和空穴的动力学行为与真空中的自由电子不同。电子和空穴在晶格中运动会受到晶格周期性势场的束缚。因此这时不能用牛顿定律简单表达电子在晶格中运动所受的牵引力为其加速度与其质量的乘积。在此时的牛顿定律这个公式里,没有考虑电子在晶格中运动时,还受到晶格周期性势场的作用。因此,为了描述电子在晶体中的运动特性,物理学家引入了有效质量的概念。此时当电子在晶体中运动时,其受到周围离子作用的影响,会发生一系列的能带结构变化,这些变化会导致电子的运动表现出类似于一个"自由电子"的运动,但具体的质量却与自由电子的质量不同。有效质量是指在晶体中,电子运动的动能与自由电子的动能相同所需的质量。电子的有效质量通常是由材料的能带结构决定的,可以通过能带的曲率来计算。在能带曲线的极值附近,可以将能带看作一个二次函数,其曲率决定了电子的有效质量。

为更好地理解有效质量这个概念,我们先讨论一下真空中电子的运动行为:一个静止质量为 M_0 的电子,在真空中电场强度为 ξ 的作用下,依照牛顿第二定律,电子所受的力为

$$F = -e\xi = M_0 \frac{\mathrm{d}v}{\mathrm{d}t}$$

其中,v 是电子的速度,t 是时间。接着我们看一下,晶体中的电子在外加电场强度仍为 ξ 的作用下,它所受的力能用上述公式描述吗? 答案是不能。因为电子在晶体中的运动,除了受到电场力的作用之外,它还受到晶体中周期性晶格势场的作用,而上述表达式并没有把这类因素考虑进去。在原子尺度的系统中,如晶体中载流子的运动,需要使用量子力学来描述。然而,当晶体的尺寸远大于原子尺度时,载流子的运动可以被简化为一个与真空电子运动方程形式相同的粒子运动方程。这个简化后的方程只需要将静止质量替换为载流子的有效质量 M_n^* 即可。因此,我们可以将原子尺度的系统转化为一个宏观的粒子运动系统来描述,其方程为

$$F = -e\xi = M_n^* \frac{\mathrm{d}v}{\mathrm{d}t}$$

其中,M_n^* 是电子的有效质量。如果将 $-e$ 换成 e,M_n^* 换成 M_p^*,该方程就变成了晶体中空穴的运动方程。此时,晶体内部势场和量子力学的效应,都由有效质量来表示了。有效质量在材料科学和半导体物理学中具有重要的应用。例如,在半导体器件的设计中,需要考虑电子在导带和价带中的有效质量,以确定电子在材料中的运动速度、散射率和导电性质。在材料科学中,有效质量可以用来描述材料的电子输运性质、热导性质等。因此,有效质量是一种重要的材料参数,对于理解材料的物理性质和应用具有重要意义。

1.3.4 态密度和费米-狄拉克分布函数

通常晶体中每个能带上允许填充的状态总数是晶体原子的 4 倍,该状态数的能量分布或者态密度(density of states),对确定载流子的分布和浓度是非常重要的。态密度是指在某一能量范围内,单位能量或单位体积内存在的量子态(简称"态")的数量。在固体物理学中,态密度是描述电子、声子、光子等激发的能量和频率分布的重要物理量。具体来说,电子态密度可以描述材料中的能带结构和导电性质,声子态密度可以描述材料的热导性质,光子态密度可以描述材料的光学性质等。在固体中,态密度可以用能量或频率来表示。例如在能量空间,态密度可以定义为单位能量范围内的量子态数目。该密度函数是双倍密度,即单位体积和单位能量下,自由电子的态密度 $g(E)$ 为

$$g(E) = \frac{4\pi (2M)^{\frac{3}{2}}}{h^3} \sqrt{E}$$

其中,E 代表能量。由于半导体中的载流子受晶格势场束缚,因此我们需要把该能带中的电子看作具有特殊质量的"自由电子",从而可用相同形式的自由电子态密度函数来描述,其能带中有效电子能态密度为

$$g(E) = \frac{4\pi (2M_n^*)^{\frac{3}{2}}}{h^3} \sqrt{E - E_{底}}$$

其中，$E_底$ 代表能带的带底能量，上述公式形象地描述了半导体能带中能量为 E 的自由电子态密度分布。

固体中的电子遵循费米-狄拉克分布。费米-狄拉克分布是一种描述费米子（如电子、质子等）在热平衡时的分布函数。它描述了费米子在能级上的分布，即在一个给定的能级上，各个态的占据情况。费米-狄拉克分布函数的表达式中包含一个指数函数和一个分母，其中指数函数与系统的温度、能级和玻尔兹曼常数有关，分母是一个由所有能级的指数函数之和构成的项。从费米分布函数可求得能量为 E 的状态内被电子占据的状态数，即有效状态被电子占据的概率 $f_{FD}(E)$。热平衡下，对应的能级为 E，电子分布用如下费米-狄拉克方程来描述：

$$f_{FD}(E) = \frac{1}{e^{\frac{E-E_F}{kT}} + 1}$$

其中，k 是玻尔兹曼常数，E_F 是费米能级。由此可见，费米能级被电子占据的概率是

$$f_{FD}(E) = \frac{1}{e^{\frac{E_F-E_F}{kT}} + 1} = \frac{1}{1+1} = \frac{1}{2}$$

即任何温度下，费米能级被电子占据的概率都是 1/2。如图 1.6 所示，在绝对零度（$T=0$ K）下，分布函数呈现矩形，$E<E_F$ 的各个能态被电子占据的概率都是 $f_{FD}(E) = 1/(1+0) = 1$，而 $E>E_F$ 的各个能态被电子占据的概率都是 $f_{FD}(E) = 1/(1+\infty) \approx 0$，这意味着 0 K 温度下，高于费米能级的能态都未被电子占据，是全空的状态；而低于费米能级的各个能态都被电子占据，是全满的状态。但是当温度高于 0 K 时，$E>E_F$ 的能态被电子占据的概率 $f_{FD}(E)$ 不为零，因为温度热效应，使得 $E<E_F$ 能态的电子会部分跃迁到 $E>E_F$ 的能态上；同时，$E<E_F$ 的能态未被电子占据的概率是 $1-f_{FD}(E)$，即为空位的概率。在任何温度和不掺杂的情形下，我们都可以看到费米-狄拉克分布函数是一个以费米能级 E_F 为对称的对称函数。所谓对称，是指比 E_F 高 ΔE 的能态被电子占据的概率 $f_{FD}(E_F + \Delta E)$ 与比 E_F 低 ΔE 的能态不被电子占据的概率 $1-f_{FD}(E_F - \Delta E)$ 相等。

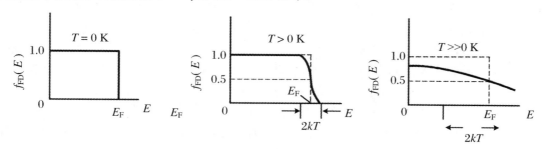

图 1.6　温度依赖的费米-狄拉克分布

此时，根据电子填充能带的情况，我们可以研究金属导体、半导体及绝缘体的导电机理。在室温下，如果 $E-E_F = 0.05$ eV，推出 $f_{FD}(E) = 0.12$；如果 $E-E_F = 7.5$ eV，推出 $f_{FD}(E) = 10^{-129}$。由此可见，当能级在费米面 E_F 以上，并且离费米面 E_F 非常远的时候（$e^{\frac{E-E_F}{kT}} \to \infty$），$f_{FD}(E) \approx 0$，也就是说，此时能带上没有电子填充；当能级在费米面以下，并且离费米面非常远的时候（$e^{\frac{E-E_F}{kT}} \to 0$），$f_{FD}(E) = 1$，能带被电子完全填满，此时在这些能带中的电子是无法自由运动的。因此我们主要关注的电子是占据概率在 0～1 之间的部分，即在几 kT 的范围内，可

以看到被电子部分填充的这些能带,它们主导着材料的导电性能。因此,划分材料为金属导体、半导体及绝缘体的依据是由主导材料导电性能的能带上填充的电子数目的多少决定的。

在金属导体材料中,由于费米面处于被电子填充的最高能带中,而不是处于能带外面,这意味着该最高填充的能带中充满了大量的可自由移动的电子(注意此时仍然是电子部分填充),因此,显而易见,此时材料导电性非常好,所以划归为金属导体即金属材料。而在半导体和绝缘体材料中,费米面处于两个相邻能带(E_c,E_v)之间,不在任何一个能带中。此时,这两个相邻能带中,能带 $E_c > E_F$ 被称为导带,而能带 $E_v < E_F$ 被称为价带。导带最低点与价带最高点的间距,被称为带隙 E_g。通常 $E_g < 3.5\ \text{eV}$ 的材料,被定义为半导体材料;$E_g > 3.5\ \text{eV}$ 的材料,被定义为绝缘体材料。其实半导体和绝缘体的本质区别就是主导材料的能带上填充的、可自由运动的电子或者空穴数目的不同。

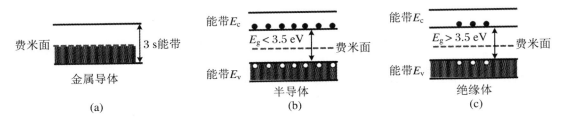

图 1.7　金属导体、半导体、绝缘体能带示意图

(a) 金属导体的能带示意图;(b) 半导体的能带示意图;(c) 绝缘体的能带示意图。

1.3.5　半导体掺杂

如果半导体十分纯净,那么其电子和空穴的浓度相等,此时称之为本征半导体。半导体掺杂是指在半导体材料中人为地加入一定量的杂质原子,以改变半导体的电子结构和导电性质的过程。掺杂的杂质原子通常包括第三、四或五周期元素的原子,它们的原子半径与半导体晶格中的原子半径相近,因此可以被晶格所接纳。在掺杂的过程中,杂质原子取代了晶体中的原子,因而改变了半导体的能带结构,引入了新的能级和载流子(电子或空穴),从而显著地改变了半导体的导电性质。通常,掺杂可以分为 n 型和 p 型两种类型。n 型掺杂是在半导体中掺杂少量的杂原子,使其成为电子的供体,引入大量自由电子,从而使半导体呈现出 n 型导电性;p 型掺杂是在半导体中掺杂少量的杂原子,使其成为空穴的供体,引入大量空穴,从而使半导体呈现出 p 型导电性。半导体掺杂是制造半导体器件的重要工艺,掌握好掺杂工艺可以获得高质量的半导体材料,从而提高半导体器件的性能和稳定性。

在半导体掺杂过程中,通过控制特殊杂质原子的数量,进而可有目的地增加本征半导体中的电子或者空穴的浓度。下面我们用价键模型来理解杂质原子的掺入机制,从而实现对载流子数的控制。如图 1.8 所示,每个本征硅原子具有四个价电子($1s^2$,$2s^2$,$2p^6$,$3s^2$,$3p^2$)。当原来被硅原子占据的某些晶格点被五价杂质原子磷($1s^2$,$2s^2$,$2p^6$,$3s^2$,$3p^3$)占据时,磷原子的五个价电子中有四个将与邻近的四个硅原子形成共价键,但是第五个价电子却不能进入已经饱和的键,那么此时它会从该杂质磷原子中分离出来,像一个自由电子那样在整个晶体中运动,成为载流子。此时,硅材料中增加了带负电荷的载流子,但不增加带正电荷的载流子,我们称这类被掺杂的硅材料为 n 型半导体,掺杂的磷原子被称为施主。这时磷原子掺杂在硅材料中就变成了失去一个价电子的施主离子,它是一个不能移动的正电中心。下面我们讨论一下 p 型掺杂:在本征硅半导体中,当原来被硅原子占据的某些晶格点被三价杂质原子硼($1s^2$,$2s^2$,$2p^6$,$3s^2$,$3p^1$)占据时,该硼原子与周围邻近的四个硅原子形成共价键,有一个键是空着的,它必须从邻近的硅原子中夺取一个价电子,此时导致在硅晶体的共价键中产生了一个空穴。该空穴在整个晶体中可自由运动,由此可见,硅材料中增加了带正电荷的载流子,但不增加带负电荷的载流子,我们称这类被掺杂的硅材料为 p 型半导体,掺杂的硼原子被称为受主。这时硼原子掺杂在硅材料中就变成了得到一个价电子的受主离子,它是一个不能移动的负电中心。

室温下,本征激发的载流子浓度 n_i 是远低于掺杂浓度的。通常室温下 n 型半导体的电子浓度为 $n_n = N_D$;空穴浓度为 $p_n = \dfrac{n_i^2}{N_D}$,其中 N_D 为施主浓度。相应地,室温下 p 型半导体的空穴浓度为 $p_p = N_A$;电子浓度为 $n_p = \dfrac{n_i^2}{N_A}$,其中 N_A 为受主浓度。(注意,这里假设所有掺杂原子室温下是全部离化的状态!)

　　　　本征Si　　　　　　　　　　　　n型掺杂Si　　　　　　　　　　　　p型掺杂Si

图 1.8　本征 Si、n 型掺杂 Si、p 型掺杂 Si 的价键模型示意图

1.3.6　载流子浓度

载流子浓度是指在半导体材料中,正向或反向电场下所携带的电荷量的密度,其数量多少取决于材料的掺杂浓度和温度。在 n 型半导体中,掺杂的杂质原子可以提供额外的自由电子,这些自由电子成为电流的主要载流子。而在 p 型半导体中,掺杂的杂质原子可以产生缺电子的空穴,空穴成为电流的主要载流子。载流子浓度的大小直接影响半导体的电导率,即半导体导电时的电流强度。因此,通过控制半导体的掺杂浓度和温度,可以调节载流子浓度,从而控制半导体的电导率和电子特性,满足不同的应用需求。

前面我们已经论述了平衡态下有效能态的分布及其电子占有的概率,因此我们很容易分析出载流子的分布。例如,计算半导体导带中电子的分布时,在能量 E 至 $E + \mathrm{d}E$ 范围内的状态数为 $g(E)\mathrm{d}E$。因为单个量子态被电子占据的概率为 $f(E)$,所以出现在此能量范围的电子浓度等于 $f(E)g(E)\mathrm{d}E$,对整个导带积分,便得到导带中平衡态电子浓度 n_0,即

$$n_0 = \int_{E_c}^{\infty} f(E) g_c(E) \mathrm{d}E = 2 \left(\frac{2\pi M_n^* kT}{h^2} \right)^{\frac{3}{2}} \exp\left[\frac{-(E_c - E_F)}{kT} \right]$$

其中,E_c 代表导带底能量,电子能态密度为

$$g_c(E) = \frac{4\pi (2M_n^*)^{\frac{3}{2}}}{h^3} \sqrt{E - E_c}$$

这里对导带中电子浓度的计算也适用于价带中空穴浓度的计算。因为价带中的能量 E 状态被一个电子占据的概率是 $f(E)$，所以它被一个空穴占据的概率为 $1 - f(E)$。空穴的能态密度可表示为 $g_v(E)$。由于价带中的空穴主要在价带顶附近，因此当把价带顶的空穴看作具有特殊质量的"自由"空穴时，同样可用相同形式的自由电子态密度函数来描述，其能带中有效空穴能态密度为

$$g_v(E) = \frac{4\pi (2M_p^*)^{\frac{3}{2}}}{h^3} \sqrt{E_v - E}$$

其中，E_v 代表价带顶。从而我们可以得到价带中平衡态下空穴浓度 p_0 的表达式为

$$p_0 = \int_{E_c}^{\infty} [1 - f(E)] g_v(E) \mathrm{d}E = 2 \left(\frac{2\pi M_p^* kT}{h^2} \right)^{\frac{3}{2}} \exp \left[\frac{-(E_F - E_v)}{kT} \right]$$

这里可以看出费米能级 E_F 的位置影响着载流子分布的相对数量。图 1.9 展示的是能带中三种不同费米能级位置下的载流子分布。

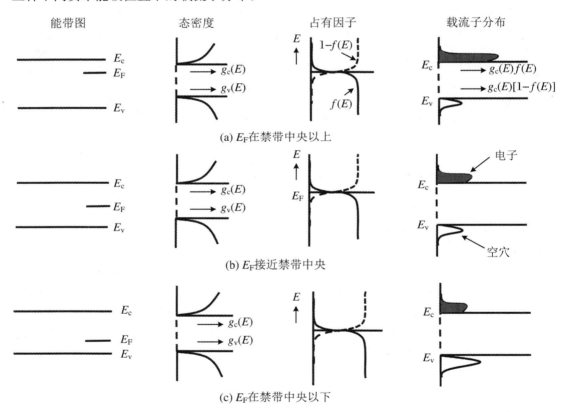

图 1.9　在能带中三种不同费米能级位置下的载流子分布情况

通过图 1.9 可以发现，在能带的边缘处，所有的载流子分布为零（图中载流子的分布曲线中阴影部分表示有填充）。虽然能带边缘载流子分布为零，但是载流子分布曲线的峰值非常接近导带底部 E_c 和价带顶部 E_v（载流子分布曲线阴影部分）。当载流子向上进入导带或向下进入价带时，它们的分布会迅速衰减为零。也就是说，大部分的载流子都集中在能带边

缘附近(注意这里指边缘附近,不是指边缘处位置,所以跟上面结论中载流子在能带边缘处分布为零不矛盾)。此外,当费米能级 E_F 处在不同位置时,也会影响载流子分布的相对数量。当费米能级 E_F 的位置偏上禁带的中央时(即离导带比较近),电子的分布概率 $f(E)$ 大于空穴的分布概率 $1 - f(E)$。尽管已被填充的电子态 $f(E)$ 和空穴的占有率 $1 - f(E)$ 从能带边缘分别进入导带和价带中,都开始以指数方式衰减,但此时空穴的分布概率 $1 - f(E)$ 远小于电子的分布概率 $f(E)$。同理,当费米能级 E_F 的位置偏下禁带的中央时(即离价带比较近),空穴的分布概率大于电子的分布概率。当然,上述讨论假设了 $g_c(E)$ 和 $g_v(E)$ 对应于能量 E 有相同的数量级。

1.4　载流子输运

1.4.1　载流子漂移

半导体中载流子的输运一般有三种基本形式:漂移、扩散以及产生-复合。载流子在外电场作用下的运动被称为漂移;载流子在浓度梯度作用下的运动被称为扩散;在半导体中,当一个载流子(电子或空穴)被外界激发或热激活时,它会从价带或导带跃迁到能量较高的能级上,形成一个自由载流子。这个自由载流子在半导体中运动,直到它重新与一个空穴或电子复合,从而失去了能量和电荷,此时处于电中性。载流子的产生和复合是一个动态平衡过程。当半导体处于稳态时(即热平衡态),产生载流子的速率等于复合载流子的速率。

通常在无外电场作用的条件下,载流子的运动是无规则的;尽管载流子热运动速度很大,但是运动速度沿各个方向的机会相等,从而它们的运动不会引起宏观迁移,不会产生电流。但是如果在半导体两端加一定量的电压,使得载流子沿电场方向的速度分量大于在其他方向的分量,从而引起载流子的宏观迁移,形成电流。其电流密度为

$$J_n = \frac{\mathrm{d}Q}{\mathrm{d}s\mathrm{d}t} = \frac{neV_{dn}\mathrm{d}s\mathrm{d}t}{\mathrm{d}s\mathrm{d}t} = neV_{dn}$$

其中,n 是电子浓度,e 是电子电量,$\mathrm{d}Q$ 代表在 $\mathrm{d}s$ 截面和 $\mathrm{d}t$ 时间内流过的电量,V_{dn} 是电子在外电场作用下获得的平均漂移速度。

1.4.2　载流子迁移率

在半导体中,载流子在电场作用下会受到电场力的作用,从而产生加速度,开始运动。半导体中的迁移率 μ 是指载流子在半导体中运动时的速度和外加电场的关系,通常用单位电场下的载流子漂移速度来描述:

$$\mu = \frac{V_{dn}}{\xi}$$

其中,μ 表示迁移率,V_{dn} 表示电子漂移速度,ξ 表示外加电场强度。载流子在移动的过程中会受到晶格缺陷和杂质等散射机制的影响,从而减缓了载流子的运动速度。因此,载流子迁移率的大小与半导体的晶格结构、杂质浓度、温度和掺杂方式等因素有关。一般来说,掺杂

浓度较低的半导体材料,其载流子迁移率会比较高,因为载流子在传输过程中受到的杂质散射相对较少。在半导体材料中,电子和空穴的迁移率不同。通常情况下,电子的迁移率比空穴高,这是因为半导体中的杂质和缺陷对电子的散射作用比对空穴更强。迁移率是一个重要的物理参数,它决定了半导体器件的性能和应用。例如,在场效应晶体管中,迁移率决定了电流的大小和速度,从而影响了器件的放大倍数和工作频率。在光伏电池中,迁移率决定了太阳能转化效率的高低。因此,对于半导体器件的设计和优化,需要考虑材料的迁移率等物理参数。

1.4.3　载流子扩散

在半导体中,如果载流子的浓度分布不均匀,就会产生浓度梯度,从而导致载流子在宏观尺度上从浓度高的区域向浓度低的区域移动。载流子的扩散运动是指在半导体中由于浓度梯度而发生的载流子的自发性运动。扩散运动是半导体中载流子的一种重要的运动方式,它决定了半导体器件的性能和应用。在半导体中,载流子的扩散运动遵循菲克定律,它描述了扩散电流密度 J 和浓度梯度的关系,可以表示为

$$J = - D \times \frac{\mathrm{d}N}{\mathrm{d}x}$$

其中,J 表示扩散电流密度,D 表示扩散系数,$\frac{\mathrm{d}N}{\mathrm{d}x}$ 表示浓度梯度,负号表示扩散电流的方向是从高浓度区向低浓度区,也就是说,扩散运动会导致载流子从浓度高的区域运动到浓度低的区域。这当中载流子的扩散系数 D 描述了由于浓度梯度而发生的载流子的自发性扩散运动的速度与浓度梯度之间的比例关系。扩散系数是半导体材料的重要物理参数,它决定了扩散过程的速度和强度,从而影响了半导体器件的性能和应用。在半导体中,扩散系数是由材料本身的物理性质和杂质等掺杂物的影响所决定的。扩散系数与温度、掺杂浓度、晶格缺陷、电场等因素有关。通常情况下,半导体中的扩散系数随着温度的升高而增加,随着掺杂浓度的升高而减小,随着晶格缺陷的增多而减小。半导体材料中载流子的扩散系数 D 可以描述为

$$D = \frac{kT\mu}{e}$$

其中,k 表示玻尔兹曼常数,T 表示温度,μ 表示载流子的迁移率,e 表示电荷量。可以看到,扩散系数与载流子的迁移率成正比,与温度成正比,与电荷量成反比。这意味着,如果材料的载流子迁移率越高,扩散系数也会越高;如果温度越高,扩散系数也会越高;如果电荷量越小,扩散系数也会越高。

在半导体器件中,扩散运动对于 pn 结的形成和功能起着重要作用。在 pn 结中,由于掺杂浓度的不同,会产生浓度梯度,从而驱动载流子的扩散运动。当 pn 结处于正向偏置时,p 区的空穴浓度高于 n 区的电子浓度,会导致空穴和电子的扩散运动,从而形成漂移电流和扩散电流。而当 pn 结处于反向偏置时,由于电子和空穴的浓度分布变得更加不均匀,扩散电流成为主导,并且反向电流非常小,这就是 pn 结的整流特性,在后面章节,我们会详细论述。总之,在半导体中,载流子的扩散运动是一种重要的运动方式,它决定了半导体器件的性能和应用。对于半导体器件的设计和优化,需要考虑材料的扩散系数和浓度分布等物理参数。

1.4.4　霍尔效应

霍尔效应是指当一个载流子在垂直于磁场方向的电场作用下运动时,会受到洛伦兹力的作用,导致载流子偏转方向发生改变,从而在垂直于载流子和磁场方向上产生电场,这种效应被称为霍尔效应。霍尔效应可以用来测量半导体材料的载流子浓度和类型,以及磁场的方向和强度等参数。霍尔效应的原理是基于洛伦兹力和欧姆定律,当载流子在磁场中运动时,电子会受到洛伦兹力,导致电子偏转方向发生改变,从而产生垂直于载流子和磁场方向的电场,这个电场被称为霍尔电场。霍尔电场的大小和载流子的浓度成正比,与载流子的类型和磁场的方向和强度有关。通过测量霍尔电场的大小,可以得到半导体材料的载流子浓度和类型,以及磁场的方向和强度等参数。霍尔效应被广泛应用于半导体器件的设计和制造中,例如传感器、霍尔元件和霍尔芯片等。

1879 年,霍尔在非磁性金属材料中发现了霍尔效应。如图 1.10 所示,材料中的载流子在外磁场作用下发生了横向偏转,在垂直电场和磁场的方向上形成电荷积累,从而在横向上建立起稳定的电势差 V_y。其中横向霍尔电阻率 ρ_{xy} 和外磁场 H 呈线性关系,可表示为

$$\rho_{xy} = R_0 H$$

其中,R_0 为正常霍尔系数。

通过上述公式,进一步可以通过霍尔效应测量得到载流子类型、载流子浓度和载流子迁移率等信息。例如载流子浓度为

$$n = \frac{1}{eR_0}$$

其中,e 为载流子电荷量。而载流子的迁移率 μ 为

$$\mu = \frac{1}{e\rho_{xx}n}$$

其中,ρ_{xx} 为材料的纵向电阻率。

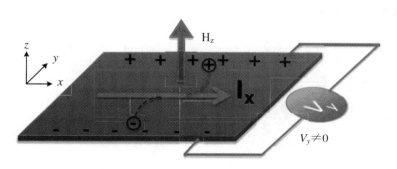

图 1.10　正常霍尔效应示意图

从上述讨论可以看到,通过霍尔效应可以获取材料的载流子浓度和迁移率。通常这样的霍尔效应叫作正常霍尔效应。

次年,霍尔发现铁磁金属材料中的霍尔电压要比非磁性金属大一个量级。随着外磁场增大,霍尔电阻先快速上升,当达到某一磁场值后,霍尔电阻随外磁场以较小的速率线性增加或减少。这与之前在非磁性导体中发现的正常霍尔效应完全不同,因此称为反常霍尔效应。超出本书范围,这里不作论述。

1.4.5 载流子的产生-复合

半导体中载流子的产生-复合是指在半导体材料中,光照、电场、注入等外界因素,或者热激发等内部因素,导致载流子生成和消失的过程。载流子的产生-复合是半导体器件中的一种基本物理过程,直接影响了器件的性能。在半导体中,载流子的产生通常是通过光照、注入和热激发等方式实现的。载流子的复合是指在半导体中,电子和空穴相遇并结合成电中性,同时释放过剩的能量。载流子的复合有两种方式(图1.11):辐射复合(直接复合)和非辐射复合(间接复合)。辐射复合是指电子和空穴在半导体晶格中运动,彼此靠近并相互碰撞,从而形成电子和空穴的湮灭,这一过程中,以发射光子的形式释放过剩的能量,这种复合过程一般发生在直接带隙半导体中。非辐射复合是指电子和空穴通过中介物进行的复合过程,例如复合中心可以是晶格缺陷或者特殊的杂质原子。在这个复合过程中,其特点是释放的过剩能量为热量或者产生晶格振动,这种复合过程一般发生在间接带隙半导体中。

载流子的产生-复合是一个动态平衡的过程。当载流子的产生速率等于复合速率时,半导体中的载流子浓度就保持不变了。而如果载流子的产生速率大于复合速率,半导体中的载流子浓度就会增加;相反,如果载流子的产生速率小于复合速率,半导体中的载流子浓度就会减少。因此,在半导体器件的设计和优化中,需要考虑载流子的产生-复合过程,以保证器件的性能和稳定性。

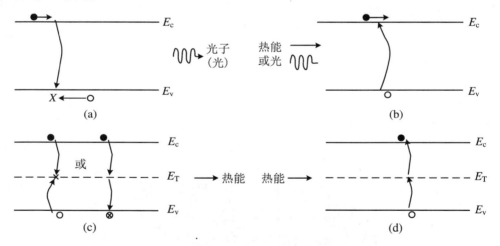

图1.11 载流子的复合方式
(a) 直接复合;(b) 直接产生;(c) 间接复合;(d) 间接产生。

1.4.6 半导体中的光性质

半导体的平衡态和非平衡态是指半导体中电子、空穴、杂质等粒子在不同条件下所处的状态。半导体的平衡态指半导体中电子、空穴的浓度分布满足热力学平衡的状态。在本征半导体中,电子和空穴的数量是相等的,即 $n_i = p_i$,其中 n_i 为电子浓度,p_i 为空穴浓度。在平衡态下,电子和空穴的浓度分布是由费米-狄拉克分布函数 $f(E)$ 决定的。半导体的非平衡态指半导体中电子、空穴、杂质等粒子在外界电场、光照等条件下处于非平衡的状态。在非平衡态下,电子和空穴的浓度分布不再满足热力学平衡状态,其分布状态受外界电场、光照等因素的影响。在非平衡态下,电子和空穴的浓度分布可以通过输运方程描述,其中包括扩散项和漂移项等(具体方程后面章节会有论述)。

如果施加外界作用破坏了半导体的平衡态,即处于非平衡态,其载流子浓度会发生变化,多出平衡态的这部分载流子称为非平衡载流子。如图 1.12 所示,一个 n 型半导体,$n_0 \gg p_0$,n_0 和 p_0 分别是热平衡态下的电子和空穴的浓度。光照条件下,半导体吸收光子,使得部分价带电子可被激发到导带,那么导带就比平衡态时多出一部分电子浓度 Δn,而价带也相应多出一部分空穴浓度 Δp。Δn 和 Δp 就是非平衡载流子浓度,并且 $\Delta n = \Delta p$。对于 n 型半导体,一般有 $\Delta n \ll n_0$,$\Delta p \ll n_0$。但是有可能 $\Delta p \gg p_0$。例如 n 型-硅材料,一般有 $n_0 \approx 5.5 \times 10^{15}\ \mathrm{cm}^{-3}$,$p_0 \approx 3.1 \times 10^4\ \mathrm{cm}^{-3}$。若注入 $\Delta n = \Delta p = 10^{10}\ \mathrm{cm}^{-3}$,$\Delta n \ll n_0$,则 Δp 是 p_0 的 10^6 倍,即 $\Delta p \gg p_0$。这个例子说明,少数非平衡载流子浓度对材料电导率的影响是十分显著的,而多数非平衡载流子浓度对材料电导率的影响是可以忽略的。我们知道,材料平衡态下电导率为

$$\sigma_0 = n_0 q \mu_\mathrm{n} + p_0 q \mu_\mathrm{p}$$

而当材料处于非平衡态时,其增加的电导率则为

$$\Delta \sigma = \Delta n q \mu_\mathrm{n} + \Delta p q \mu_\mathrm{p} = \Delta p q (\mu_\mathrm{n} + \mu_\mathrm{p})$$

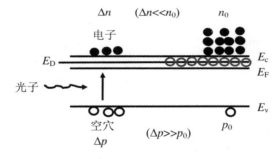

图 1.12　外界光场作用下,半导体由平衡态变为非平衡态的过程

E_D 是施主掺杂能级。

当外部作用撤除之后,会发生什么变化呢? 这时被光照激发到导带的非平衡态多余的电子是不稳定的,需要回到价带,与空穴复合后,进而稳定下来。这样的话原来可自由移动的电子-空穴对消失了,复合后的电子-空穴对处于低价带中,无法自由移动了。此时载流子浓度恢复到平衡态少数载流子浓度。这个过程大约只要几微秒到几毫秒的时间,这一过程就被称为非平衡态载流子的复合。结合之前的讨论可以看出,非平衡态少数载流子对半导体材料电导率的影响处于主导地位。光照导致半导体材料的电导率发生变化,主要是由非平衡态少数载流子的显著变化引起的(因为在光照条件下,非平衡态多数载流子浓度相对其平衡态时多数载流子浓度来说,几乎没有发生变化)。因此,我们重点关注非平衡态少数载流子行为。此时非平衡态载流子寿命通常称为少数载流子寿命,用 τ 表示。显然 $\dfrac{1}{\tau}$ 表示单位时间内非平衡载流子的复合概率。通常把单位时间、单位体积内净复合消失的电子-空穴对数称为非平衡态载流子的复合率,即 $\dfrac{\Delta p}{\tau}$。假设一束光在 n 型半导体内部均匀产生非平衡态载流子 Δn 和 Δp。在 $t = 0$ 时,光照突然停止,Δp 将随时间变化,单位时间内非平衡态少

数载流子浓度的减少量为 $-\,\mathrm{d}\Delta p(t)/\mathrm{d}t$。它是由复合引起的,因此应该等于非平衡载流子的复合率,即

$$\frac{\mathrm{d}\Delta p(t)}{\mathrm{d}t} = -\frac{\Delta p(t)}{\tau}$$

小注入时,τ 是一恒量,与 $\Delta p(t)$ 无关,其通解为

$$\Delta p(t) = C\mathrm{e}^{-\frac{t}{\tau}}$$

当 $t=0$ 时,$\Delta p(0) = (\Delta p)_0$,最后可得

$$\Delta p(t) = (\Delta p)_0 \mathrm{e}^{-\frac{t}{\tau}}$$

这就是非平衡态少数载流子浓度随时间按指数衰减的规律。

1.4.7 双极输运

半导体中的双极输运是指在半导体中,电子和空穴的输运过程。在半导体中,电子和空穴由于热运动和电场作用,会在半导体中进行扩散和漂移运动。其中,扩散运动是指电子和空穴由高浓度区域向低浓度区域自然扩散的运动;漂移运动是指电子和空穴在电场作用下向相反方向运动的过程。由于电子和空穴在输运过程中数量相等,所以被称为双极输运。在半导体器件的设计和制造中,需要考虑到双极输运的影响,采取合适的措施来优化器件的结构和材料,以提高器件的性能和可靠性。例如,在集成电路设计中,需要考虑电子和空穴的扩散和漂移运动对器件的响应速度和功耗的影响,采取相应的措施来改进器件的结构和工艺。同时,双极输运也是半导体材料物理学研究的重要内容之一,对于深入理解半导体器件的物理性质和性能具有重要意义。下面我们具体讨论它的输运行为。

载流子的扩散电流为

$$J_{\text{diff}} = -eY$$

其中,Y 为载流子的流速。这时电子的扩散电流密度为

$$J_{\text{diff}}^{\text{n}} = -eF_{\text{n}} = eD_{\text{n}}\frac{\mathrm{d}n}{\mathrm{d}x}$$

而空穴的扩散电流密度为

$$J_{\text{diff}}^{\text{p}} = -eF_{\text{p}} = -eD_{\text{p}}\frac{\mathrm{d}p}{\mathrm{d}x}$$

此时,载流子总的扩散电流密度为

$$J_{\text{diff}} = J_{\text{diff}}^{\text{n}} + J_{\text{diff}}^{\text{p}} = eD_{\text{n}}\frac{\mathrm{d}n}{\mathrm{d}x} - eD_{\text{p}}\frac{\mathrm{d}p}{\mathrm{d}x}$$

载流子总漂移电流密度为

$$J_{\text{drift}} = e(\mu_{\text{n}}n + \mu_{\text{p}}p)\cdot\xi$$

那么,电子、空穴各自的电流密度分别为

$$J_{\text{p}} = e\mu_{\text{p}}pE - eD_{\text{p}}\frac{\mathrm{d}p}{\mathrm{d}x}$$

$$J_{\text{n}} = e\mu_{\text{n}}nE + eD_{\text{n}}\frac{\mathrm{d}n}{\mathrm{d}x}$$

则体系中总的电流密度 J 为

$$J = J_{\text{n}} + J_{\text{p}}$$

这里注意,电子和空穴运动方向相反,所以总电流是两者之和。

电子、空穴的电流密度分别除以各自的电量,我们得到它们各自的流速 Y_p^+、Y_n^-：

$$\frac{J_p}{+e} = Y_p^+ = \mu_p p E - D_p \frac{\mathrm{d}p}{\mathrm{d}x}$$

$$\frac{J_n}{-e} = Y_n^- = -\mu_n n E - D_n \frac{\mathrm{d}n}{\mathrm{d}x}$$

我们知道电子、空穴的连续方程分别为(载流子数随时间的变化)

$$\frac{\partial p}{\partial t} = -\frac{\partial F_p^+}{\partial x} + g_p - \frac{p}{\tau_{pt}}$$

$$\frac{\partial n}{\partial t} = -\frac{\partial F_n^+}{\partial x} + g_n - \frac{n}{\tau_{nt}}$$

其中,g_p、g_n 为载流子产生率；τ_{pt}、τ_{nt} 为载流子复合率。

结合上述公式,我们有

$$\frac{\partial p}{\partial t} = -\mu_p \frac{\partial(p\xi)}{\partial x} + D_p \frac{\partial^2 p}{\partial x^2} + g_p - \frac{p}{\tau_{pt}}$$

$$\frac{\partial n}{\partial t} = +\mu_n \frac{\partial(n\xi)}{\partial x} + D_n \frac{\partial^2 n}{\partial x^2} + g_n - \frac{n}{\tau_{nt}}$$

其中

$$\Delta p = p - p_0$$
$$\Delta n = n - n_0$$
$$\frac{\partial(p\xi)}{\partial x} = \xi \frac{\partial p}{\partial x} + p \frac{\partial \xi}{\partial x}$$

并且平衡态下,p_0、n_0 均匀分布,这意味着 $\frac{\partial p_0}{\partial t}=0$，$\frac{\partial n_0}{\partial t}=0$。那么,过剩电子和过剩空穴的浓度 Δn、Δp 方程分别为

$$D_p \frac{\partial^2(\Delta p)}{\partial x^2} - \mu_p \left[\xi \frac{\partial(\Delta p)}{\partial x} + p \frac{\partial \xi}{\partial x} \right] + g_p - \frac{p}{\tau_{pt}} = \frac{\partial(\Delta p)}{\partial t}$$

$$D_n \frac{\partial^2(\Delta n)}{\partial x^2} + \mu_n \left[\xi \frac{\partial(\Delta n)}{\partial x} + n \frac{\partial \xi}{\partial x} \right] + g_n - \frac{n}{\tau_{nt}} = \frac{\partial(\Delta n)}{\partial t}$$

当一个外加电场 ξ_{app} 作用在半导体中,在某个特殊位置产生了过剩电子和空穴的脉冲,那么过剩电子和空穴就会分别向相反的方向漂移。由于电子和空穴都是带电粒子,任何间距都会使两组粒子之间感应出内建电场 ξ_{int}。这个内建电场会对电子和空穴分别产生吸引力(注意这里不要跟 pn 结的内建电场搞混淆)。半导体中总的电场 ξ 可表示为

$$\xi = \xi_{app} + \xi_{int}$$

由于内建电场的存在,它产生了分别对电子和空穴的引力,因此该电场就将过剩电子和空穴保持在各自的位置(图 1.13)。

带负电的电子和带正电的空穴以同一个迁移率或者扩散系数一起漂移或扩散,这就是我们常说的双极扩散或双极输运。其双极输运扩散系数为

$$D' = \frac{\mu_n n D_p + \mu_p p D_n}{\mu_n n + \mu_p p}$$

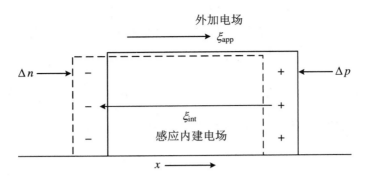

图 1.13 双极输运示意图

双极迁移率为

$$\mu' = \frac{\mu_n \mu_p (p - n)}{\mu_n n + \mu_p p}$$

由爱因斯坦关系式（从电流密度方程得到），得

$$\frac{\mu_n}{D_n} = \frac{\mu_p}{D_p} = \frac{e}{kT}$$

从而我们可以看到双极扩散系数是电子和空穴浓度的函数：

$$D' = \frac{D_n D_p (n + p)}{D_n n + D_p p} = \frac{D_n D_p [(n_0 + \Delta n) + (p_0 + \Delta n)]}{D_n (n_0 + \Delta n) + D_p (p_0 + \Delta n)}$$

其中，n_0、p_0 分别为热平衡态电子和空穴的浓度；Δn 是过剩载流子电子浓度。对于 p 型半导体，通常有 $p_0 \gg n_0$。当该 p 型半导体处于小注入条件下时，就意味着过剩载流子浓度远小于热平衡多数载流子浓度，即 $\Delta n \ll p_0$。假设 $n_0 \ll p_0$ 以及 $\Delta n \ll p_0$ 条件成立，而且 D_n 和 D_p 具有相同的数量级，把这些条件代入上述公式，此时 p 型半导体的双极扩散系数可简化为

$$D' = D_n$$

其双极迁移率简化为

$$\mu' = \mu_n$$

从上面公式的讨论可以看到，对于小注入的 p 型半导体，很重要的一点是，我们可以将双极扩散系数和双极迁移率归纳为该半导体中少数载流子电子的恒定参数。因为从上述公式可以看到，明明是 p 型半导体，按道理应该是其多数载流子空穴主导一切，但是从其简化的双极扩散系数和双极迁移率公式看，反而跟 p 型半导体中的少数载流子电子的参数相关。对 n 型半导体而言，其简化的双极扩散系数和双极迁移率情况类似，应该跟 n 型半导体的少数载流子空穴的参数相关，这里不再讨论。

第 2 章　半导体 pn 结

半导体的 pn 结是由 p 型半导体和 n 型半导体直接接触形成的结构，在 p 区和 n 区之间形成一个 pn 结。现代电子技术中广泛使用 pn 结作为整流、开关、放大等用途的器件。同时，pn 结也是双极晶体管、场效应晶体管等器件的基本组成部件。因此，pn 结在理解半导体器件方面起着十分重要的作用。本章将讨论由同种半导体材料的 p 型和 n 型区构成的 pn 结基本性质。

2.1　热平衡状态

2.1.1　接触电势及 pn 结的空间电荷

设想将 p 型和 n 型半导体结合在一起，p 型半导体中有大量自由移动的空穴，n 型半导体中有大量自由移动的电子，当它们接触时，p 区的自由空穴和 n 区的自由电子就会相互扩散，并发生复合反应。在 p 型半导体和 n 型半导体相结合的界面处存在电子和空穴的浓度梯度，从而导致了 n 区的电子向 p 区扩散，n 区剩下电离施主，形成一个带正电荷不能移动的区域；而 p 区的空穴向 n 区扩散，p 区剩下电离受主，形成一个带负电荷不能移动的区域。这样的一个耗散自由电荷的区域，也称为空间电荷区域（注意这里 pn 结两端都没有外加电压）。此时空间电荷区域中，不能移动的正电荷和不能移动的负电荷之间就产生了一个由 n 区指向 p 区的电场（图 2.1），该电场的产生会阻碍 n 区的电子和 p 区的空穴分别向对方进一步扩散，最终达到平衡态，不再有自由载流子在空间电荷区扩散，这种界面就叫作 pn 结。而此时的 pn 结内部非零的电场方向，则由固定离化的正电荷指向固定离化的负电荷，即由 n 区指向 p 区，称为内建电场。注意这里非零的内建电场仅仅存在于 pn 结的空间电荷区。

由图 2.1 可以看到，空间电荷区内建电场的方向跟载流子扩散运动的方向是相反的。其实，空间电荷区中非零的内建电场在未达到平衡态时会引起载流子的漂移运动，该运动形成的漂移电流方向与载流子扩散电流的方向恰恰相反。p 型和 n 型半导体刚开始接触时，实际上存在两种载流子的运动：扩散运动和漂移运动，只不过刚开始扩散运动大于漂移运动。随着空间电荷区中不能移动的正-负电荷逐渐增加，内建电场越来越强，这就增强了载流子的漂移运动。当载流子的漂移运动与扩散运动相抵时，则达到动态平衡状态，此时流过 pn 结的净电流为零，即总扩散电流与总漂移电流恰好抵消，空间电荷区宽度保持一定，该空间电荷区载流子浓度非常小，通常称其为耗尽区，其宽度为 W。注意空间电荷区的宽度 W 并没有完全占据 n 区和 p 区，而只是在 p、n 半导体接触的界面处（通常该界面位置定义为 $x = 0$）附近各占据一定的宽度，分别为 x_p 和 x_n，即 $W = |x_p| + |x_n|$，如图 2.2 所示。

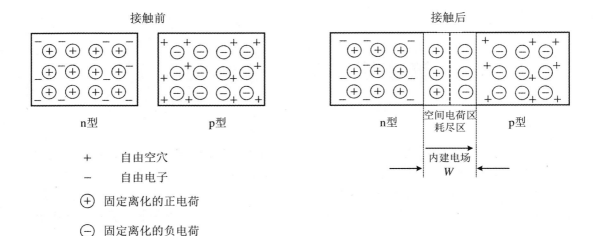

接触前 接触后

n型　　　　p型　　　　　　　n型　空间电荷区　p型
　　　　　　　　　　　　　　　　耗尽区
　　　　　　　　　　　　　　　内建电场
　　　　　　　　　　　　　　　　W

+　　　自由空穴
−　　　自由电子
⊕　　　固定离化的正电荷
⊖　　　固定离化的负电荷

图 2.1　平衡态 pn 结中形成空间电荷区和内建电场的示意图

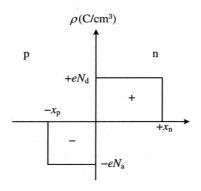

图 2.2　pn 结区不能移动的电荷密度分布示意图

N_a 和 N_d 代表受主和施主原子浓度。

由于平衡态 pn 结耗尽区内建电场 ξ_{bi} 不为零,因此其两侧存在非零电势差 V_{bi}。首先我们来计算一下其内建电场 ξ_{bi} 的大小。pn 结内电势 $\varnothing(x)$ 和电荷密度分布 $\rho(x)$ 之间的关系由泊松方程决定:

$$\frac{\mathrm{d}^2 \varnothing(x)}{\mathrm{d}x^2} = -\frac{\rho(x)}{\varepsilon_s} = -\frac{\mathrm{d}\xi_{bi}(x)}{\mathrm{d}x}$$

ε_s 是介电系数,由图 2.2 可知(注意 $W = |x_p| + |x_n|$)

$$\rho(x) = -eN_a \quad (-x_p < x < 0)$$
$$\rho(x) = +eN_d \quad (0 < x < x_n)$$

p 区电场则可写为

$$\xi_{bip} = \int \frac{\rho(x)}{\varepsilon_s}\mathrm{d}x = -\int \frac{eN_a}{\varepsilon_s}\mathrm{d}x = -\int \frac{eN_a}{\varepsilon_s}x + C_1$$

当 $x = -x_p$ 时,$\xi_{bip} = 0$(这个边界条件之所以成立,是因为在 $x \leqslant -x_p$ 界面处,p 区是中性的,电场必须为零),从而可得

$$\xi_{bip} = -\frac{eN_a}{\varepsilon_s}(x + x_p) \quad (-x_p \leqslant x \leqslant 0)$$

同理可得 n 区电场：

$$\xi_{bin} = -\frac{eN_d}{\varepsilon_s}(x_n - x) \quad (0 \leqslant x \leqslant x_n)$$

注意，当 $x = 0$ 时，n 区和 p 区的空间电荷区的电场相等，因为对 n 区和 p 区是同一个位置（图 2.3）。从而由上述式子，可得 $N_a x_p = N_d x_n$。

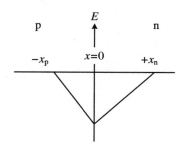

图 2.3　pn 结空间电荷区电场分布示意图

此时，p 区电势 $\varnothing_p$ 可表示为

$$\varnothing_p = -\int \xi_p(x)\mathrm{d}x = \int \frac{eN_a}{\varepsilon_s}(x + x_p)\mathrm{d}x$$

则

$$\varnothing_p = \frac{eN_a}{\varepsilon_s}\left(\frac{x^2}{2} + x_p \cdot x\right) + C_1'$$

同理，n 区电势 $\varnothing_n$ 可表示为

$$\varnothing_n = -\int \xi_n(x)\mathrm{d}x = \int \frac{eN_d}{\varepsilon_s}(x_n - x)\mathrm{d}x$$

则

$$\varnothing_n = \frac{eN_d}{\varepsilon_s}\left(x_n \cdot x - \frac{x^2}{2}\right) + C_2'$$

这里我们讨论 pn 结间的相对电势，所以为了简便起见，我们设 p 区 $x = -x_p$ 处电势为零。代入上述方程，可得 $C_1' = \frac{eN_a}{2\varepsilon_s}x_p^2$。从而 p 区电势可写为

$$\varnothing_p = \frac{eN_a}{2\varepsilon_s}(x + x_p)^2 \quad (-x_p \leqslant x \leqslant 0)$$

由边界条件 $x = 0$ 处，p 区和 n 区电势相等，代入上式，有

$$C_2' = \frac{eN_a}{2\varepsilon_s}x_p^2$$

从而 n 区电势可写为

$$\varnothing_n = \frac{eN_d}{\varepsilon_s}\left(x_n \cdot x - \frac{x^2}{2}\right) + \frac{eN_a}{2\varepsilon_s}x_p^2 \quad (0 \leqslant x \leqslant x_n)$$

通过求导，可得到其电势极大值位于 $x = x_n$ 处，表达式为

$$V_{bi} = |\varnothing_{max}(x = x_n)| = \frac{e}{2\varepsilon_s}(N_d x_n^2 + N_a x_p^2)$$

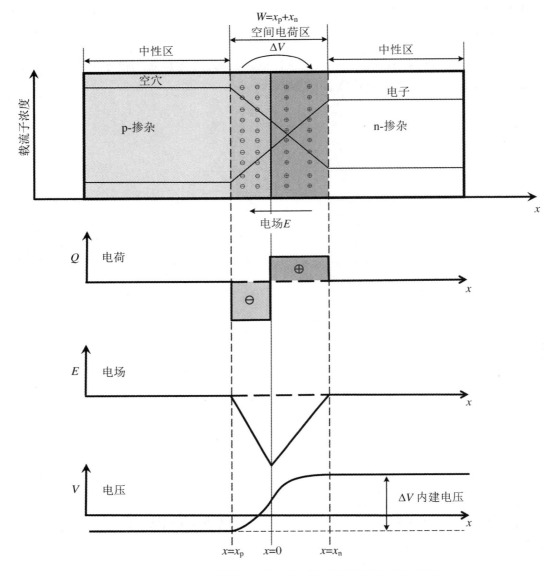

图 2.4 pn 结空间电荷区电荷密度、电场及电势的分布示意图

由表达式 $N_a x_p = N_d x_n$ 和 $V_{bi} = |\emptyset_{max}(x = x_n)| = \dfrac{e}{2\varepsilon_s}(N_d x_n^2 + N_a x_p^2)$,可推导出

$$x_n = \left[\frac{2\varepsilon_s V_{bi}}{e}\left(\frac{N_a}{N_d}\right)\left(\frac{1}{N_a + N_d}\right)\right]^{\frac{1}{2}}$$

$$x_p = \left[\frac{2\varepsilon_s V_{bi}}{e}\left(\frac{N_d}{N_a}\right)\left(\frac{1}{N_a + N_d}\right)\right]^{\frac{1}{2}}$$

此时,根据 pn 结空间电荷区宽度 W 的定义,有(如图 2.4)

$$W = x_n + x_p = \left[\frac{2\varepsilon_s V_{bi}}{e}\left(\frac{N_a + N_d}{N_a N_d}\right)\right]^{\frac{1}{2}}$$

2.1.2　平衡态费米能级

　　这里讲述的是一个重要概念,即系统处于平衡状态时,系统内的费米能级是连续的,没有空间梯度。如果系统处于热平衡状态,那么就不会有净电荷的输运、净电流的流动或净能量的传递。因此,在一定的时间间隔内,电子从第一种材料运动到第二种材料,能量为 E 的电子数量必然与从第二种材料运动到第一种材料,具有相同能量 E 的电子数量相等。设这两种材料的态密度分别为 $N_1(E)$ 和 $N_2(E)$,此时电子从第一种材料到第二种材料的输运速率正比于第一种材料被电子占据的能态数目和第二种材料不被电子占据的能态数目:

$$N_1(E)f_1(E) \cdot N_2(E)[1 - f_2(E)]$$

同样道理,此时电子从第二种材料到第一种材料的输运速率正比于

$$N_2(E)f_2(E) \cdot N_1(E)[1 - f_1(E)]$$

热平衡条件下,上述两个速率应该相等,从而有

$$N_1(E)f_1(E) \cdot N_2(E)[1 - f_2(E)] = N_2(E)f_2(E) \cdot N_1(E)[1 - f_1(E)]$$

整理后,可得

$$N_1(E)f_1(E)N_2(E) - N_1(E)f_1(E)N_2(E)f_2(E)$$
$$= N_2(E)f_2(E)N_1(E) - N_2(E)f_2(E)N_1(E)f_1(E)$$

对比上述左右两边,可知

$$f_1(E) = f_2(E), \quad \left(1 + e^{\frac{E-E_{F_1}}{kT}}\right)^{-1} = \left(1 + e^{\frac{E-E_{F_2}}{kT}}\right)^{-1}$$

其中,E_{F_1} 和 E_{F_2} 分别代表第一种和第二种材料的费米能级。由此可看出 $E_{F_1} = E_{F_2} = E_F$,即热平衡态时,系统费米能级 E_F 处是水平的,不存在空间梯度,用简洁数学式可表达为 $\dfrac{\mathrm{d}E_F}{\mathrm{d}x} = 0$。

　　一个 pn 结处于热平衡态时,$x \geqslant x_n$ 的区域称为 pn 结的 n 型中性区;$x \leqslant -x_p$ 的区域称为 pn 结的 p 型中性区。此时,n 型中性区电子浓度 n_{n_0} 和 p 型中性区空穴浓度 p_{p_0} 分别可写为

$$n_{n_0} = 2\left(\frac{2\pi m_n^* kT}{h^2}\right)^{\frac{3}{2}} \exp\left[\frac{-(E_c - E_F)}{kT}\right] = N_c \exp\left[\frac{-(E_c - E_F)}{kT}\right]$$

$$p_{p_0} = 2\left(\frac{2\pi M_p^* kT}{h^2}\right)^{\frac{3}{2}} \exp\left[\frac{-(E_F - E_v)}{kT}\right] = N_v \exp\left[\frac{-(E_F - E_v)}{kT}\right]$$

其中,N_c 和 N_v 分别代表导带底和价带顶的有效态密度;E_F 代表准费米能级。

　　无掺杂本征半导体的电子和空穴浓度分别为

$$n_i = N_c \exp\left[\frac{-(E_c - E_{F_i})}{kT}\right]$$

$$p_i = N_v \exp\left[\frac{-(E_{F_i} - E_v)}{kT}\right]$$

其中,E_{F_i} 表示本征费米能级。此时,我们对 pn 结中 n 型中性区电子浓度 n_{n_0} 和 p 型中性区空穴浓度 p_{p_0} 表达式分别做一个简单变换:

$$n_{n_0} = N_c \exp\left[\frac{-(E_c - E_F)}{kT}\right] = N_c \exp\left[\frac{-(E_c - E_F + E_{F_i} - E_{F_i})}{kT}\right]$$

$$= n_i \exp\left(\frac{E_F - E_{F_i}}{kT}\right)$$

$$p_{p_0} = N_v \exp\left[\frac{-(E_F - E_v)}{kT}\right] = N_v \exp\left[\frac{-(E_F - E_v + E_{F_i} - E_{F_i})}{kT}\right]$$

$$= p_i \exp\left(\frac{E_{F_i} - E_F}{kT}\right)$$

其中，E_F 代表准费米能级；E_{F_i} 代表本征费米能级。由于平衡态条件下，半导体内各处的费米能级是水平的，由图 2.5 我们可以看到，在平衡条件下，pn 结两侧能带错开的距离等于内建电势 V_{bi} 和电荷 e 的乘积，即 $E_{cp} - E_{cn} = eV_{bi}$。

由上述 n_{n_0} 和 p_{p_0} 的表达式，同样可以有：在一个单一的半导体中，平衡态下其电子浓度 n_0 和空穴浓度 p_0 可分别表示为

$$n_0 = n_i \exp\left(\frac{E_F - E_{F_i}}{kT}\right)$$

$$p_0 = p_i \exp\left(\frac{E_{F_i} - E_F}{kT}\right)$$

当准费米能级 E_F 位于本征费米能级 E_{F_i} 处时，平衡态下电子浓度 $n_0 = n_i$；当 E_F 远离 E_{F_i} 而逐渐靠近导带时，平衡态下电子浓度 n_0 可随 $E_F - E_{F_i}$ 的增加呈指数增加；同理，当 E_F 远离 E_{F_i} 而逐渐靠近价带时，平衡态下空穴浓度 p_0 可随 $E_{F_i} - E_F$ 的增加呈指数增加。

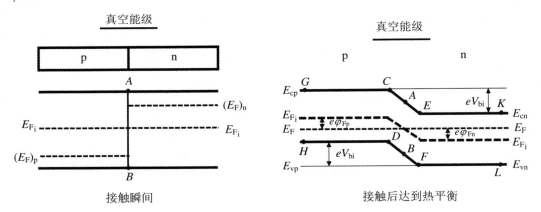

图 2.5　热平衡下的 pn 结

下面详细论述一下 pn 结能带结构图的形成过程。如图 2.5 所示，在接触瞬间，由于图中 n 型半导体的费米能级高于 p 型半导体的费米能级，因此 p、n 半导体接触后，按照费米能级的意义，n 型半导体和 p 型半导体间将发生电子转移，电子将从费米能级高的 n 型半导体流向费米能级低的 p 型半导体。而空穴则正好与电子转移方向相反，由 p 型半导体流向 n 型半导体。上述电子和空穴的转移过程将导致 E_{F_n} 不断下移，而 E_{F_p} 不断上移，在动态平衡下，最后必须满足 $E_{F_n} = E_{F_p} = E_F$，如图 2.5 中接触后示意图所述，其中 E_F 为 pn 结中统一的费米能级。这里注意一下，p、n 型半导体接触后，随着空间电荷区的形成，即空间电荷区的内建电场在达到平衡态之前将不断增强，这使得空间电荷区的电势由 n 区向 p 区不断降低，而电子的电势能则由 n 区向 p 区不断升高，这意味着空间电荷区的能带发生弯曲，因为各个

点的电势能不同。由电子亲和势的定义,我们知道在界面 A 点处到真空能级的距离就是半导体材料的电子亲和势,它仅与材料本征性质相关。因此,当同种材料的 p 型和 n 型半导体接触后,空间电荷区的能带发生弯曲,但是接触点 A 的位置对真空能级距离不发生改变,所以可以看作 A 点不变,B 点位置随 A 一样,也不发生变化。此时,除了 A 点和 B 点以外,不论 n 型、p 型半导体,它们接触后,其能带都将发生移动。并且由于空间电荷区的各个点电势能不一样,所以在空间电荷区中 n 端能带发生下凹现象,而 p 端能带发生上凸现象,即 n 端 AE 部分下凹,p 端 AC 部分上凸。但是请注意,仅仅处于空间电荷区的能带发生凹凸现象。在空间电荷区以外的 n 中性区(EK 端)和 p 中性区(CG 端)能带虽然发生移动,但是它们仅仅发生整体上下移动(保持处于同一水平线),而不发生能带凹凸现象,并且它们的各自能带相对于同一费米能级 E_F 都保持与原来各自 E_{F_n}、E_{F_p} 相同的间隔。在热平衡态下,最终形成了如图 2.5 所示的接触后能带结构示意图。

2.2　非平衡状态

如图 2.6 所示,当我们对 pn 结两端施加一个外部电压时,pn 结不再处于热平衡状态。

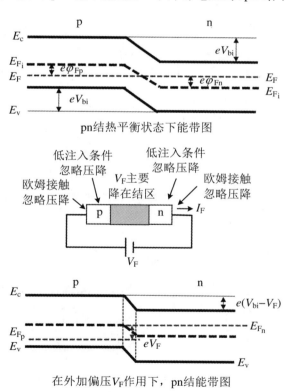

图 2.6　分别在热平衡态及外加正向偏压 V_F 作用下的 pn 结能带图

例如,当我们在 pn 结的 p 区施加一个正电压,n 区施加一个负电压,这时 pn 结处总的电势为

$$V_{\text{total}} = V_{\text{bi}} - V_{\text{F}}$$

其中，V_{F} 为外电压，此时称 pn 结处于正向偏置（这里注意，施加在 pn 结上的外部电压，其压降全部在 pn 结的结区即空间电荷区，而在 pn 结的各自的 n 区和 p 区的压降为零，因为空间电荷区以外的 n 区和 p 区都是中性区，所以压降为零）。在此情形下，pn 结空间电荷区的电势降低，外加偏压形成的电场与 pn 结的内建电场方向相反，二者的叠加削弱了空间电荷区的电场。

而当我们在 pn 结的 p 区施加一个负电压，n 区施加一个正电压，这时 pn 结处总的电势为

$$V_{\text{total}} = |\varnothing_{\text{F}_n}| + |\varnothing_{\text{F}_p}| + V_{\text{R}} = V_{\text{bi}} + V_{\text{R}}$$

其中，V_{R} 为外加电压，此时称 pn 结处于反向偏置。在此情形下，pn 结空间电荷区的电势增加，外加偏压形成的电场与 pn 结的内建电场方向相同，二者的叠加增强了空间电荷区的电场。

如图 2.7 所示，在反向偏置下，根据 pn 结的宽度 W 的表达式，有

$$W = x_{\text{n}} + x_{\text{p}} = \left[\frac{2\varepsilon_{\text{s}}(V_{\text{bi}} + V_{\text{R}})}{e}\left(\frac{N_{\text{a}} + N_{\text{d}}}{N_{\text{a}}N_{\text{d}}}\right)\right]^{\frac{1}{2}}$$

我们知道，pn 结的最大电场 ξ_{max} 位于 $x = 0$ 处，即

$$\xi_{\text{max}} = \frac{-eN_{\text{d}}x_{\text{n}}}{\varepsilon_{\text{s}}} = \frac{-eN_{\text{a}}x_{\text{p}}}{\varepsilon_{\text{s}}}$$

结合 x_{n} 或者 x_{p} 的表达式，有

$$\xi_{\text{max}} = -\left[\frac{2e(V_{\text{bi}} + V_{\text{R}})}{\varepsilon_{\text{s}}}\left(\frac{N_{\text{a}}N_{\text{d}}}{N_{\text{a}} + N_{\text{d}}}\right)\right]^{\frac{1}{2}} = \frac{-2(V_{\text{bi}} + V_{\text{R}})}{W}$$

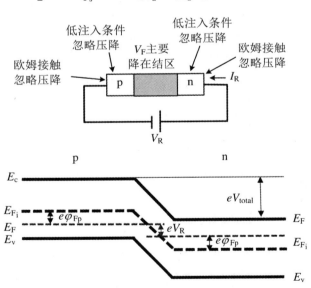

图 2.7　在外加反向偏压 V_{R} 作用下的 pn 结能带图

2.3　耗尽层电容

由 pn 结耗尽区宽度 W 表达式,可以看到随外加电压的改变,W 会发生改变。因此,它所包含的电离杂质数目也随外加电压而改变,即耗尽区内的正负电荷量随外加电压改变(图 2.8)。这种电压变化引起电荷量变化的电容效应,称为耗尽层电容。耗尽区是一个由电离施主和电离受主组成的正负电荷量相等的偶极层(这些正负电荷,都是固定不能移动的离化电荷)。定义 pn 结电容为

$$C' = \frac{\mathrm{d}Q'}{\mathrm{d}V_R}$$

Q' 为单位面积耗尽区内正或负的电荷量,则

$$\mathrm{d}Q' = eN_d\mathrm{d}x_n = eN_a\mathrm{d}x_p$$

结合 x_n 的公式,有

$$C' = \frac{\mathrm{d}Q'}{\mathrm{d}V_R} = eN_d\frac{\mathrm{d}x_n}{\mathrm{d}V_R} = \left[\frac{e\varepsilon_s N_d N_a}{2(V_{bi} + V_R)(N_a + N_d)}\right]^{\frac{1}{2}}$$

注意比较 C' 和 W 的表达式,可以得到

$$C' = \frac{\mathrm{d}Q'}{\mathrm{d}V_R} = \left[\frac{e\varepsilon_s N_d N_a}{2(V_{bi} + V_R)(N_a + N_d)}\right]^{\frac{1}{2}} = \frac{\varepsilon_s}{W}$$

其中

$$W = x_n + x_p = \left[\frac{2\varepsilon_s(V_{bi} + V_R)}{e}\left(\frac{N_a + N_d}{N_a N_d}\right)\right]^{\frac{1}{2}}$$

这与单位面积平行板电容器的电容表达式是相同的。

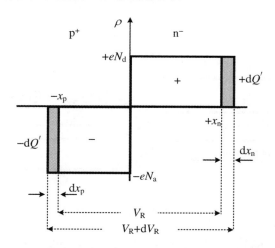

图 2.8　pn 结空间电荷区宽度随外加反向偏压改变的示意图

2.4 pn 结直流特性

2.4.1 pn 结正向偏置

在研究 pn 结在外加直流电压下 *I-V* 特性之前,我们先考虑一个热平衡态下的 pn 结能带图(注意这时 p、n 半导体的费米能级 E_F 在同一水平线),如图 2.9 所示。

在结的 n 型中性区存在大量自由移动的电子和少许自由移动的空穴(注意这里可能会有疑问:有大量自由移动的电子和少量自由移动的空穴,这样 n 型区如何保持中性? 答案是:这里大量移动的电子中,大部分是掺杂原子提供的。掺杂原子提供电子后,就处于离化状态。也就是说这里大量自由移动的电子中大部分的电子电荷与掺杂原子离化后的正电荷相互对应形成电中性,而少部分自由移动的电子与少许自由移动的空穴对应形成电中性,因此整个 n 型区仍然还是电中性的。)而在结的 p 型中性区存在高浓度自由移动的空穴和少许自由移动的电子。在该热平衡态下,这些载流子大部分都没有足够的能量克服结区的内建电势这个势垒。当 n 型中性区电子通过扩散运动进入结区耗尽层,其低能量的电子将被内建电场反射回 n 型中性区,而一些高能量的电子克服势垒,进入结的 p 型区。然而 p 型中性区的电子没有受到任何势垒的限制,进而个别电子进入了结区的耗尽层,其内建电场将很快把这些电子扫到结区的 n 型区域。显然在热平衡的条件下,从 p 型区通过内建电场漂移到 n 型区的电子形成的漂移电流正好抵消了从 n 型区到 p 型区形成的扩散电流。同样道理,空穴的情况也类似,即 p 型区的高能量空穴,克服势垒进入 n 型区形成的扩散电流抵消了从 n 型区一侧进入耗尽层的空穴通过内建电场扫到 p 型区形成的漂移电流。因此热平衡态下,pn 结总电流为零。

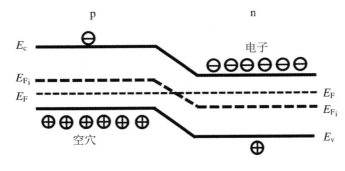

图 2.9 pn 结热平衡态示意图

假设我们在 pn 结上施加一个正向偏置电压,如图 2.10 所示,即 p 端施加正电压,n 端施加负电压,那么相对零偏置情况,此时 pn 结的最大变化是其耗尽区的总电势出现下降,结区总电场减弱(因为在该正向偏置电压下产生的电场与 pn 结空间电荷区的内建电场方向相反)。因此,n 型区一侧会有更多的电子,p 型区一侧会有更多的空穴,它们现在可以越过被降低的势垒,然后进入结的相对一侧。这就产生了一个电子电流(I_n)和一个空穴电流(I_p),

这两种电流都是从结的 p 型区一侧流到 n 型区一侧(注意这里讲述的是电流流动方向不是电子运动方向)。

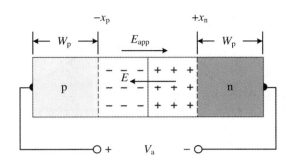

图 2.10　pn 结处于正向偏置 V_a 下的示意图

下面我们考虑在同种半导体材料中形成的 pn 结,其 p 区、n 区掺杂都是完全离化的,即 $n_{n_0} = N_{n_d}$, $p_{p_0} = N_{p_a}$, N_{n_d} 和 N_{p_a} 分别代表施主和受主掺杂原子浓度。从表达式 $n_{n_0} p_{n_0} = n_i^2$ 以及 $p_{p_0} n_{p_0} = n_i^2$,我们可以分别得到 $p_{n_0} = \dfrac{n_i^2}{N_{n_d}}$ 以及 $n_{p_0} = \dfrac{n_i^2}{N_{p_a}}$。其中,$n_{n_0}$ 代表 n 区多数载流子电子的热平衡浓度;p_{n_0} 代表 n 区少数载流子空穴的热平衡浓度;p_{p_0} 代表 p 区多数载流子空穴的热平衡浓度;n_{p_0} 代表 p 区少数载流子电子的热平衡浓度。根据内建电势的公式 $V_{bi} = \dfrac{kT}{e} \ln\left(\dfrac{N_{n_d} N_{p_a}}{n_i^2}\right)$,我们可以得到 $\dfrac{n_i^2}{N_{n_d} N_{p_a}} = \exp\left(\dfrac{-eV_{bi}}{kT}\right)$。结合上面的公式,有 $n_{p_0} = n_{n_0} \exp\left(\dfrac{-eV_{bi}}{kT}\right)$,即我们可以用 n 区多数载流子电子的热平衡浓度描述 p 区少数载流子电子的热平衡浓度。此时,如果对 pn 结施加一个正向偏置电压 V_a,根据上述的描述,n 型区电子开始向 p 型区扩散,电子穿过 $x = -x_p$ 边界,进入 p 型区,那么空间电荷区边界处非平衡态少数载流子电子的浓度可表示为

$$n_p = n_{n_0} \exp\left[\frac{-e(V_{bi} - V_a)}{kT}\right] = n_{n_0} \exp\left(\frac{-eV_{bi}}{kT}\right)\exp\left(\frac{eV_a}{kT}\right)$$

简化后为

$$n_p = n_{p_0} \exp\left(\frac{eV_a}{kT}\right)$$

同样可得空间电荷区边界处非平衡态少数载流子空穴的浓度为

$$p_n = p_{n_0} \exp\left(\frac{eV_a}{kT}\right)$$

下面我们讨论这类非平衡态少数载流子在 n 型中性区和 p 型中性区的输运行为,如图 2.11 所示,其在 n 型中性区的输运方程可写为

$$D_p \frac{\partial^2(\Delta p_n)}{\partial x^2} - \mu_p \xi \frac{\partial(\Delta p_n)}{\partial x} + g' - \frac{\Delta p_n}{\tau_{p_0}} = \frac{\partial(\Delta p_n)}{\partial t}$$

其中,左边第一项代表扩散电流,第二项代表漂移电流;g' 代表产生电流;$\dfrac{\Delta p_n}{\tau_{p_0}}$ 代表复合电流,$\Delta p_n = p_n - p_{n_0}$ 表示非平衡态时 n 区少数空穴浓度与平衡态时 n 区少数空穴浓度差,即非平衡态 n 区过剩少数载流子空穴浓度。

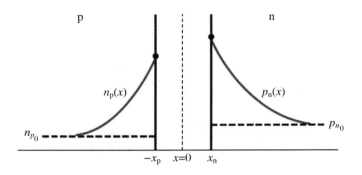

图 2.11　pn 结正向偏置电压下，其非平衡态少数载流子在 n 型和 p 型中性区分布示意图

在 $x > x_n$ 区域中，由于其电中性环境从而有电场 $\xi = 0$，并且空穴的产生率 g' 也等于 0。同样，我们假定系统处于稳态（这里指 $x > x_n$ 区域），从而有 $\frac{\partial(\Delta p_n)}{\partial t} = 0$。最终上述方程可简化为

$$D_p \frac{\partial^2(\Delta p_n)}{\partial x^2} = \frac{\Delta p_n}{\tau_{p_0}} \quad (x > x_n)$$

同样在 p 区，其方程可简化为

$$D_n \frac{\partial^2(\Delta n_p)}{\partial x^2} = \frac{\Delta n_p}{\tau_{n_0}} \quad (x < -x_p)$$

令 $L_p^2 = D_p \tau_{p_0}$ 以及 $L_n^2 = D_n \tau_{n_0}$，其中，L_p 和 L_n 分布为空穴和电子的扩散长度。进而可求解简化的输运方程有

$$\Delta p_n(x) = p_n(x) - p_{n_0} = A e^{\frac{x}{L_p}} + B e^{-\frac{x}{L_p}} \quad (x \geqslant x_n)$$

$$\Delta n_p(x) = n_p(x) - n_{p_0} = C e^{\frac{x}{L_n}} + D e^{-\frac{x}{L_n}} \quad (x \leqslant -x_p)$$

这里注意边界条件：当 $x \gg x_n$ 时，过剩非平衡态 n 区空穴少数载流子最终跟 n 区多数载流子电子复合，呈电中性，即有 $\Delta p_n(x) = 0$。同理可得，当 $x \ll -x_p$ 时，过剩非平衡态 p 区电子少数载流子电子最终跟 p 区多数载流子空穴复合，呈电中性，即有 $\Delta n_p(x) = 0$。为了满足这些边界条件，那么就要求系数 $A = 0$；并且系数 $D = 0$。这时方程简化为

$$\Delta p_n(x) = p_n(x) - p_{n_0} = B e^{-\frac{x}{L_p}} \quad (x \geqslant x_n)$$

$$\Delta n_p(x) = n_p(x) - n_{p_0} = C e^{\frac{x}{L_n}} \quad (x \leqslant -x_p)$$

上面我们讨论过，边界处少数载流子浓度分别可写为

$$p_n(x_n) = p_{n_0} \exp\left(\frac{eV_a}{kT}\right)$$

$$n_p(-x_p) = n_{p_0} \exp\left(\frac{eV_a}{kT}\right)$$

边界条件有

$$p_n(x \to +\infty) = p_{n_0}$$

$$n_p(x \to -\infty) = n_{p_0}$$

结合上述边界条件，最终求解为

$$\Delta p_n(x) = p_n(x) - p_{n_0} = p_{n_0}\left[\exp\left(\frac{eV_a}{kT}\right) - 1\right]\exp\left(\frac{x_n - x}{L_p}\right) \quad (x \geqslant x_n)$$

$$\Delta n_{\mathrm{p}}(x) = n_{\mathrm{p}}(x) - n_{P_0} = n_{P_0}\left[\exp\left(\frac{eV_{\mathrm{a}}}{kT}\right) - 1\right]\exp\left(\frac{x_{\mathrm{p}} + x}{L_{\mathrm{n}}}\right) \quad (x \leqslant -x_{\mathrm{p}})$$

我们知道在一个 pn 结中的 $x = x_{\mathrm{n}}$ 及 $x = -x_{\mathrm{p}}$ 位置,电场为零。因此,计算平衡态时流过 pn 结空间电荷区边界电流时,电场作用下的迁移电流为 0。其电流等于在 $x = x_{\mathrm{n}}$ 处的空穴扩散电流加上在 $x = -x_{\mathrm{p}}$ 处的电子扩散电流。

$x = x_{\mathrm{n}}$ 处非平衡少数载流子空穴扩散电流可写为

$$J_{\mathrm{p}}(x_{\mathrm{n}}) = -eD_{\mathrm{p}}\left.\frac{\mathrm{d}p_{\mathrm{n}}(x)}{\mathrm{d}x}\right|_{x = x_{\mathrm{n}}}$$

$x = -x_{\mathrm{p}}$ 处非平衡少数载流子电子扩散电流可写为

$$J_{\mathrm{n}}(-x_{\mathrm{p}}) = eD_{\mathrm{n}}\left.\frac{\mathrm{d}n_{\mathrm{p}}(x)}{\mathrm{d}x}\right|_{x = -x_{\mathrm{p}}}$$

由 $\Delta p_{\mathrm{n}}(x) = p_{\mathrm{n}}(x) - p_{n_0}$ 以及 $\Delta n_{\mathrm{p}}(x) = n_{\mathrm{p}}(x) - n_{P_0}$,代入上述式子,有

$$J_{\mathrm{p}}(x_{\mathrm{n}}) = -eD_{\mathrm{p}}\left.\frac{\mathrm{d}[\Delta p_{\mathrm{n}}(x)]}{\mathrm{d}x}\right|_{x = x_{\mathrm{n}}}$$

$$J_{\mathrm{n}}(-x_{\mathrm{p}}) = eD_{\mathrm{n}}\left.\frac{\mathrm{d}[\Delta n_{\mathrm{p}}(x)]}{\mathrm{d}x}\right|_{x = -x_{\mathrm{p}}}$$

其中,$\dfrac{\mathrm{d}p_{n_0}}{\mathrm{d}x} = 0$ 以及 $\dfrac{\mathrm{d}n_{P_0}}{\mathrm{d}x} = 0$,是因为平衡态少数载流子浓度 p_{n_0} 和 n_{P_0} 均匀分布于 n 区及 p 区中。结合之前得到的 $\Delta p_{\mathrm{n}}(x)$ 和 $\Delta n_{\mathrm{p}}(x)$ 的表达式,我们最终得到非平衡态少数载流子分别在 $x = x_{\mathrm{n}}$ 和 $x = -x_{\mathrm{p}}$ 处的扩散电流,即:

$x = x_{\mathrm{n}}$ 处非平衡少数载流子空穴扩散电流为

$$J_{\mathrm{p}}(x_{\mathrm{n}}) = \frac{eD_{\mathrm{p}}p_{n_0}}{L_{\mathrm{p}}}\left[\exp\left(\frac{eV_{\mathrm{a}}}{kT}\right) - 1\right]$$

$x = -x_{\mathrm{p}}$ 处非平衡少数载流子电子扩散电流为

$$J_{\mathrm{n}}(-x_{\mathrm{p}}) = \frac{eD_{\mathrm{n}}n_{P_0}}{L_{\mathrm{n}}}\left[\exp\left(\frac{eV_{\mathrm{a}}}{kT}\right) - 1\right]$$

因此,pn 结空间电荷区边界总的电流密度 J 为

$$J = J_{\mathrm{p}}(x_{\mathrm{n}}) + J_{\mathrm{n}}(-x_{\mathrm{p}}) = \left(\frac{eD_{\mathrm{p}}p_{n_0}}{L_{\mathrm{p}}} + \frac{eD_{\mathrm{n}}n_{P_0}}{L_{\mathrm{n}}}\right)\left[\exp\left(\frac{eV_{\mathrm{a}}}{kT}\right) - 1\right]$$

$$= J_{\mathrm{s}}\left[\exp\left(\frac{eV_{\mathrm{a}}}{kT}\right) - 1\right]$$

其中,

$$J_{\mathrm{s}} = \frac{eD_{\mathrm{p}}p_{n_0}}{L_{\mathrm{p}}} + \frac{eD_{\mathrm{n}}n_{P_0}}{L_{\mathrm{n}}}$$

称为反向饱和电流密度。我们知道在 p、n 型半导体结合成 pn 结的过程中,自由移动的空穴和电子会发生复合,这会导致 p 区和 n 区之间产生电势差,形成一个电场,这个电场会阻止自由移动的空穴和电子进一步扩散,这种阻止扩散的电场称为内建电场。内建电场的大小取决于 p 型半导体和 n 型半导体的材料特性。

二极管是一种电子元件,它由 pn 结组成。当二极管中施加一个正向偏置电压时,这个电压会使得内建电场减小,因为正向电压产生的电场与内建电场的方向相同,这样就可以促进空穴和自由电子的扩散,从而使得二极管中产生电流。但是,当施加一个反向偏置电压

时,这个电压产生的电场方向与内建电场方向相同,进而 pn 结区的总电场得到增强,进而阻止空穴和电子的扩散,这样就会阻止电流通过二极管。因此,二极管呈现单向道通,即在正向偏置时表现为导电,而在反向偏置时则表现为绝缘。总之,pn 结是构成二极管的基本结构。二极管的正向导通和反向截止都是基于 pn 结的内建电场效应。由上述讨论可以看到,pn 结的反向饱和电流密度 J_s 实际上就是理想二极管的反向饱和电流密度,如图 2.12 所示。这里我们发现反向饱和电流密度 J_s 与偏置电压无关(因为曲线呈现水平状态,不随外加电压的变化而变化)。

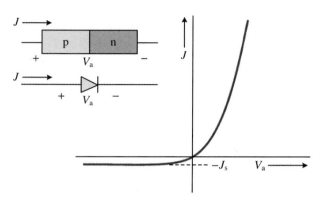

图 2.12　pn 结空间电荷区边界总的电流密度 J 与外加正向电压 V_a 的曲线图

如图 2.13 所示,在正向电压作用下,pn 结中非平衡态少数载流子电流密度在 n 型和 p 型中性区随距离的变化关系如下:

$$J_p(x) = -eD_p \frac{\mathrm{d}p_n(x)}{\mathrm{d}x} = -eD_p \frac{\mathrm{d}\left[\Delta p_n(x) + p_{n_0}\right]}{\mathrm{d}x}$$

$$= \frac{eD_p p_{n_0}}{L_p}\left[\exp\left(\frac{eV_a}{kT}\right) - 1\right]\exp\left(\frac{x_n - x}{L_p}\right) \quad (x \geqslant x_n)$$

$$J_n(x) = eD_n \frac{\mathrm{d}n_p(x)}{\mathrm{d}x} = eD_n \frac{\mathrm{d}\left[\Delta n_p(x) + n_{p_0}\right]}{\mathrm{d}x}$$

$$= \frac{eD_n n_{p_0}}{L_n}\left[\exp\left(\frac{eV_a}{kT}\right) - 1\right]\exp\left(\frac{x_p + x}{L_n}\right) \quad (x \leqslant -x_p)$$

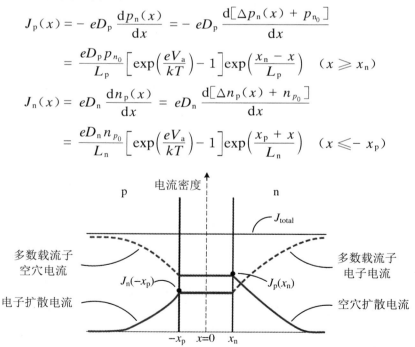

图 2.13　pn 结中非平衡态少数载流子电流密度在 n 型和 p 型中性区随距离的变化示意图

2.4.2　pn 结反向偏置

当我们在 pn 结上施加一个反向偏置电压时,相对零偏置情况,此时 pn 结的最大变化是其耗尽区的电势出现增大,结区电场也增强。一方面,n 型区电子和 p 型区空穴分别穿过结区的扩散运动将降低,其扩散电流变成可忽略不计的程度;另一方面,由于结区电场的增强,n 型区的空穴和 p 型区的电子将进入耗尽层,并被增强的结区电场扫到结的各自另一边。因此,反向偏置引起了一个从 n 型区到 p 型区的漂移电流。反向偏置电流与少数载流子相关,电流值也非常小,其数值与外加偏压无关。

当 pn 结上反向偏置电压足够高时,结就发生击穿。下面我们讨论两种不同的结击穿的物理过程。一种叫齐纳击穿(zener effect)或者叫隧道击穿,另一种叫雪崩效应(avalanche effect)。隧道击穿或者齐纳击穿指的是 pn 结在反向偏置电压的作用下能带弯曲,反向电压越大,势垒越高,势垒区内建电场越强,能带弯曲越厉害,甚至可以使得 n 区的导带底比 p 区的价带顶还低。如图 2.14 所示,p 区价带电子 A 的能量与 n 区导带电子 B 的能量相同(因为在同一水平线)。如果 A、B 之间的间距足够小,由量子力学知道,A 电子可以隧穿到 B 电子位置,从而进入 n 区。最终导致反向电流急剧增大,于是 pn 结就发生隧道击穿。此时的反向偏压为隧道击穿电压或齐纳击穿电压。

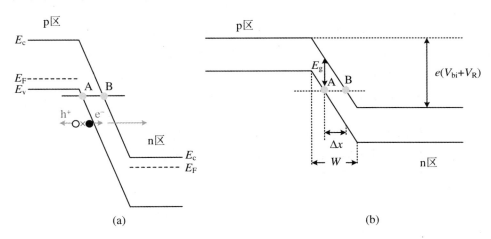

图 2.14　pn 结齐纳击穿效应示意图

由上述示意图,有

$$\frac{\Delta x}{E_g} = \frac{W}{e(V_{bi} + V_R)}$$

进而我们可得到隧道长度 Δx 与势垒高度 $e(V_{bi} + V_R)$ 的相互关系:

$$\Delta x = \left(\frac{E_g}{e}\right) \cdot \left(\frac{W}{V_{bi} + V_R}\right)$$

其中,E_g 是半导体材料的带隙。由 pn 结空间电荷区宽度 W 的表达式

$$W = \left[\frac{2\varepsilon_s(V_{bi} + V_R)}{e}\left(\frac{N_a + N_d}{N_a N_d}\right)\right]^{\frac{1}{2}}$$

得隧道长度 Δx 的表达式为

$$\Delta x = \frac{E_g}{e} \cdot \left[\frac{2\varepsilon_s(V_{bi} + V_R)}{e} \cdot \frac{N_a + N_d}{N_a N_d} \right]^{\frac{1}{2}}$$

由上述表达式,我们可以看到在杂质浓度较低时,虽然反向电压 V_R 很大,但是杂质浓度低,导致 pn 结空间电荷区宽度 W 太大。当反向电压增大时,虽然隧道长度 Δx 会变长,但是 W 也在增大,从而并不利于隧道击穿。当处于重掺杂时,W 变得很短,这时当反向电压很高时,更容易发生隧道击穿。

齐纳击穿的产生与半导体材料的掺杂浓度、结构和工作温度等因素有关。在半导体器件设计和制造中,需要考虑到齐纳击穿的影响,采取合适的措施来避免或减轻齐纳击穿对器件的影响。常用的方法包括采用增强型结构、引入阻挡层和提高材料的品质等。同时,齐纳击穿也可以应用在一些半导体器件中,例如齐纳二极管和齐纳光电二极管等。齐纳二极管又称为隧道二极管,它是一种利用量子隧穿效应实现高速和低功耗电路的器件。齐纳二极管的结构类似于普通的二极管,由 p 型和 n 型半导体材料构成的 pn 结构。不同的是,在齐纳二极管中,p 型和 n 型半导体之间的掺杂浓度较高,形成了一个很薄的势垒区域,当施加一定的电压时,电子会通过量子隧穿效应穿越势垒区域,从而形成电流。齐纳二极管具有快开关速度、低功耗、高可靠性和低噪声等优点,在高速数据传输、高频率信号放大、数字逻辑电路和射频电路等领域有广泛的应用。同时,齐纳二极管也是量子力学和量子电子学研究的重要内容之一,对于深入理解量子隧穿效应和半导体材料物理学具有重要意义。

雪崩击穿效应指的是当反向偏压很大时,结区电场增强,结区内电子和空穴受到强电场的漂移作用,具有很大的动能,它们与结区中的晶格原子发生碰撞时,能把价键上的电子碰撞出来,成为导电电子,同时产生一个空穴。从能带观点来看,就是高能量的电子和空穴把价带中的电子激发到导带,产生了电子空穴对。于是一个载流子变成了三个载流子。这三个载流子在强电场的作用下,向相反方向运动,还会继续发生碰撞,如此继续下去,载流子就大量增加,导致电子和空穴的数量呈指数级增加,这种繁殖载流子的方式称为载流子的倍增效应。由于这种倍增效应,在结区单位时间内产生了大量载流子,迅速增大了反向电流,进而产生热效应和局部击穿现象。这种现象会导致半导体器件烧毁,对器件的性能和寿命产生负面影响,这就是雪崩击穿机理,如图 2.15 所示。

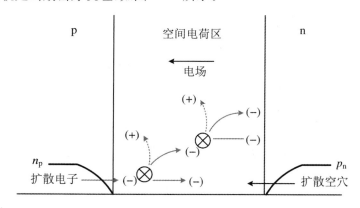

图 2.15　pn 结雪崩击穿效应示意图

从雪崩击穿机理我们可以看到在一般掺杂浓度下,更容易发生雪崩倍增效应。因为雪崩击穿中,载流子动能的增加,需要一个加速过程,因此结区宽度 W 不能太小,也就意味着不能处于重掺杂状态,因为载流子需要在一定的结区宽度下加速达到产生雪崩倍增效应所必需的动能,从而产生雪崩击穿效应。

雪崩击穿效应的产生与半导体材料的掺杂浓度、结构和工作温度等因素有关。在半导体器件设计和制造中,需要考虑到雪崩击穿效应的影响,采取合适的措施来避免或减轻雪崩击穿效应对器件的影响。例如,可以采用 pn 结构、增加器件的尺寸、降低器件的工作温度等方法来减轻雪崩击穿效应。同时,雪崩击穿效应也可以应用在一些半导体器件中,例如雪崩二极管和雪崩光电二极管等。雪崩二极管是一种特殊的二极管,它利用雪崩击穿效应来实现电流的稳定和精确控制。雪崩二极管的结构类似于普通的二极管,由 p 型和 n 型半导体材料构成的 pn 结构。不同的是,在雪崩二极管中,掺杂浓度较高的冲击区承受着高电场下的电流,并且在达到一定电压后,自身会发生雪崩击穿效应,形成大量的电子和空穴对,从而产生稳定的电流。通过调节雪崩二极管的电压和电流,可以实现对电流的精确控制和稳定输出。雪崩二极管具有低噪声、高速、高稳定性、低漂移等优点,在电源管理、放大器、稳压器、传感器和测量等领域有广泛的应用。

齐纳二极管和雪崩二极管是两种不同的二极管,它们的工作原理和性能有所不同。首先,齐纳二极管利用量子隧穿效应实现电流的传输,而雪崩二极管则利用雪崩击穿效应实现电流的稳定和精确控制。其次,齐纳二极管的结构比较简单,由 p 型和 n 型半导体构成,而雪崩二极管则需要在 pn 结构中增加冲击区,以承受高电场下的电流。再次,齐纳二极管的速度比较快,响应时间可以达到皮秒级别,适合高速的数字电路和射频电路等领域应用。而雪崩二极管的速度相对较慢,响应时间通常在纳秒量级,适合稳压器和精密测量等领域应用。最后,齐纳二极管的功耗比较低,能够实现低功耗的电路设计,而雪崩二极管的功耗比较高,通常需要较大的散热器来散热。综上所述,齐纳二极管和雪崩二极管的差异性主要表现在工作原理、结构、速度、功耗等方面。在实际应用中,需要根据具体的应用场景选择合适的二极管类型。

2.4.3　产生-复合电流

在 pn 结的反向偏置情形下,我们通常认为反向电流是由结两边的少数载流子进入耗尽层,然后被电场扫到结的各自另一边而形成的。但是,实际上 pn 结处于反向偏置时,耗尽层中载流子浓度将会下降并低于其热平衡条件下的值,这将直接导致耗尽层内电子和空穴对的产生。而耗尽层内增强的电场又会很快将产生的电子-空穴对分别扫到两端准中性区域,形成额外的反向电流,称为产生电流,其电流密度表示为 J_{gen}。由此可见,耗尽层的额外电子-空穴对的产生,增大了反向电流。而当 pn 结处于正向偏置时,它增加了耗尽层内的载流子浓度且高于其热平衡值,这时会引起该耗尽层区域内载流子出现复合。而这种复合会导致有额外的非平衡少数载流子从两端的中性区各自流入耗尽层,使得 pn 结区出现额外电流,称为复合电流,其电流密度为 J_{rec}(图 2.16)。

在反向偏置电压下,由于结区没有自由移动的载流子,因此 $n = p = 0$,从而此时非平衡态载流子的复合率 R 可写为

$$R = \frac{-n_i}{\dfrac{1}{N_t C_p} + \dfrac{1}{N_t C_n}}$$

其中,C_n 和 C_p 分别代表电子和空穴俘获截面的比例常数,N_t 代表陷阱中心的总浓度。载

流子寿命分别为

$$\tau_{p_0} = \frac{1}{N_t C_p}$$

$$\tau_{n_0} = \frac{1}{N_t C_n}$$

这里,令 $\tau_0 = \frac{\tau_{p_0} + \tau_{n_0}}{2}$,从而非平衡态载流子的复合率 R 可简化为

$$R = \frac{-n_i}{2\tau_0} = -G$$

这里负的复合率就是产生率。此时,在反向偏置电压下,pn 结耗尽层内产生电流密度可表达为 $J_{gen} = \int_0^W eG\,dx$。求解可得产生电流密度 J_{gen} 的表达式

$$J_{gen} = \frac{e n_i W}{2\tau_0}$$

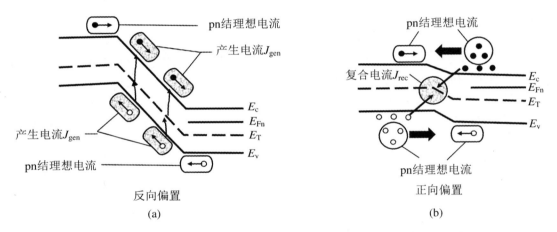

图 2.16　在反向和正向偏置电压下,pn 结空间电荷区产生-复合电流示意图

　　结合之前讨论理想 pn 结器件时得到的反向饱和电流密度 J_s 的表达式,可以推出,在反向偏置电压下,实际上 pn 结总的反向饱和电流密度 J_R 应该表达为

$$J_R = J_s + J_{gen}$$

通常产生电流密度 J_{gen} 大于反向饱和电流密度 J_s 约 4 个数量级,也就是说,在反向偏置电压下,pn 结总的反向饱和电流密度 J_R 由 J_{gen} 主导。之前我们讨论过,理想二极管中,反向饱和电流密度 J_s 与反向偏置电压无关。但此时,由于产生电流密度 J_{gen} 与 pn 结的宽度 W 相关,而 W 又是反向偏置电压的函数,因此实际总的反向饱和电流密度 J_R 与反向偏置电压相关。

　　下面我们讨论当 pn 结上施加正向偏置电压时,非平衡态载流子电子将从 n 型中性区扩散到 p 型中性区,而非平衡载流子空穴将从 p 型中性区扩散到 n 型中性区。请注意,在非平衡态载流子经过 pn 结区时,我们计算在 $x = x_n$ 和 $x = -x_p$ 处的注入电流时,没有考虑非平衡态载流子经过 pn 结区,有一部分电子-空穴会复合,而这种复合就导致有额外的非平衡态载流子电子从 n 型中性区进入结区,最后进入 p 区。同样也会导致有额外的非平衡态载流子空穴从 p 型中性区进入结区,最后进入 n 区。这里可以看到,部分电子-空穴在结区复合,导致 pn 结中产生额外的电流,我们称之为复合电流,其电流密度为 J_{rec}。从而真正的 pn 结

中正向偏置电压下,总的电流密度 J 应该等于 $J_{rec} + J_D$。根据非平衡态载流子的复合率 R 表达式:

$$R = \frac{C_n C_p N_t (np - n_i^2)}{C_n(n + n') + C_p(p + p')}$$

其中,n' 和 p' 表示费米能级与复合中心能级 E_t 重合时导带中平衡电子浓度以及价带中平衡空穴浓度,可写为

$$n' = N_c \exp\left[\frac{-(E_c - E_t)}{kT}\right]$$

$$p' = N_v \exp\left[\frac{-(E_t - E_v)}{kT}\right]$$

E_t 代表复合陷阱能级。而电子、空穴浓度 n、p 可分别表示为

$$n = n_i \exp\left(\frac{E_{F_n} - E_{F_i}}{kT}\right)$$

$$p = n_i \exp\left(\frac{E_{F_i} - E_{F_p}}{kT}\right)$$

由图 2.17,可得

$$(E_{F_n} - E_{F_i}) + (E_{F_i} - E_{F_p}) = eV_a$$

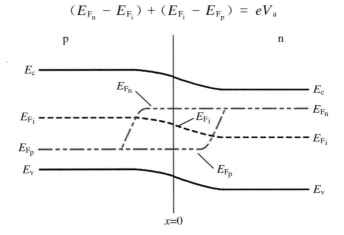

图 2.17　正向偏置电压下,pn 结能带结构示意图

此时,在结的中心处,有

$$E_{F_n} - E_{F_i} = E_{F_i} - E_{F_p} = \frac{eV_a}{2}$$

从而电子、空穴载流子浓度公式可分别表示为

$$n = n_i \exp\left(\frac{eV_a}{2kT}\right)$$

$$p = n_i \exp\left(\frac{eV_a}{2kT}\right)$$

这里我们假设了 $n' = p' = n_i$ 以及 $\tau_{n_0} = \tau_{p_0} = \tau_0$。

　　此时,pn 结中心处载流子复合率 R_{max} 为

$$R_{\max} = \frac{n_i}{2\tau_0}\left[\frac{\exp\left(\dfrac{eV_a}{kT}\right) - 1}{\exp\left(\dfrac{eV_a}{2kT}\right) + 1}\right]$$

假如 $V_a \gg \dfrac{kT}{e}$，则上式简化为

$$R_{\max} = \frac{n_i}{2\tau_0}\exp\left(\frac{eV_a}{2kT}\right)$$

这时，我们可以计算在 pn 结中心处，由载流子复合引起的电流密度 J_{rec} 为

$$J_{rec} = \int_0^W eR\,\mathrm{d}x$$

通过求解，可得

$$J_{rec} = \frac{eWn_i}{2\tau_0}\exp\left(\frac{eV_a}{2kT}\right) = J_{r_0}\exp\left(\frac{eV_a}{2kT}\right)$$

由此可见，在正向偏置电压下，pn 结总的正向电流密度 J 应该描述为

$$J = J_{rec} + J_D$$

其中，J_{r_0} 是零电压下的复合电流密度。由于结区复合过程的存在，因此从 p 型中性区注入 n 区的载流子空穴浓度中，包括了由复合作用引起的额外的空穴，如图 2.18 所示。

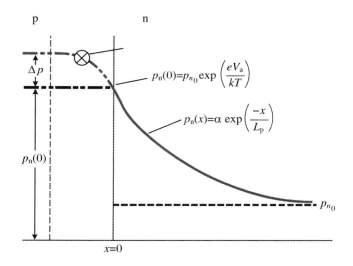

图 2.18　正向偏置电压下，由 p 区穿过 pn 结空间电荷区到达 n 区增加的空穴浓度

结合 J_D 的表达式

$$J_D = J_s\left[\exp\left(\frac{eV_a}{kT}\right) - 1\right]$$

我们分别对 J_{rec} 和 J_D 取对数，得

$$\ln J_{rec} = \ln J_{r_0} + \frac{eV_a}{2kT} = \ln J_{r_0} + \frac{V_a}{2V_t}$$

$$\ln J_D = \ln J_s + \frac{eV_a}{kT} = \ln J_s + \frac{V_a}{V_t}$$

结合上述公式和图 2.19，我们可以得出，在低电流密度情形下，复合电流 I_{rec} 占主导贡献；而在高电流密度情形下，扩散电流 I_D 占主导贡献。因此，通常人们把二极管（pn 结器件）中的

电流-电压的关系写成如下表达式：

$$I = I_s \left[\exp\left(\frac{eV_a}{\delta kT} \right) - 1 \right]$$

其中，参数 δ 称为理想因子。在高正向电压作用下，$\delta \approx 1$，即扩散电流起主导作用；而在低正向电压作用下，$\delta \approx 2$，即复合电流起主导作用。而过渡区为 $1 < \delta < 2$，这为我们判定器件性能提供了一个手段。

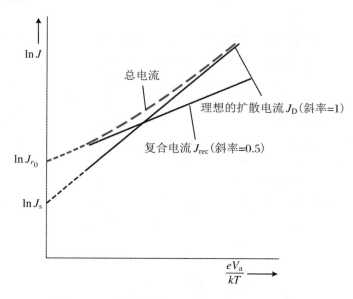

图 2.19　正向偏置电压下，pn 结 I-V 特性曲线图

第 3 章　金属-半导体接触

金属与半导体接触的电阻和接触电势会直接影响器件性能。金属与半导体接触的电阻直接影响器件的导通性能,接触电势则影响器件的开关速度和稳定性。因此,研究金属与半导体接触的电阻和接触电势,对于提高器件性能和可靠性具有重要意义。例如通过调整金属与半导体接触时形成的电势差,可以优化器件的设计,提高器件的性能和可靠性。通过选择合适的金属材料和表面处理技术,可以减小接触电势和接触电阻,提高器件的导通性能和稳定性。半导体-金属接触电势的研究还可以为新型器件的研制提供理论依据。比如,通过研究半导体-金属接触电势的变化规律,可以为新型器件的设计提供参考和指导,以提高新型器件的性能和可靠性。综上所述,半导体-金属接触电势对于半导体器件的性能和可靠性具有重要影响,研究和优化接触电势对于提高器件的性能和可靠性具有重要意义。本章主要讨论半导体与金属的接触,包括肖特基势垒和欧姆接触。

3.1　功　函　数

在讨论半导体与金属的接触问题之前,我们先来学习几个相关的基本概念。真空能级是电子达到该能级时完全自由而不受核的作用,如图 3.1 所示。功函数是指将一个电子从固体中移到紧贴固体表面外一点所需的最小能量(或者从费米能级将一个电子移动到真空所需的能量)。功函数的大小通常是金属自由原子电离能的二分之一。功函数的单位是电子伏特(eV)。半导体的功函数是指真空中静止电子的能量与半导体费米能级的能量之差。与功函数定义类似。半导体电子亲和势是指将一个电子从导带底移到固体表面真空能级所需的最小能量。

功函数的能量主要包括晶体周期性晶格势能、电子间的相互作用能以及表面能。表面能主要是由于表面存在偶极层:在表面,正、负电荷量是相等的,但是电子云围绕原子核的分布不对称,从而导致偶极矩的产生,在表面形成了偶极层。

如果单位面积的电偶极矩为 ρ,那么在真空与金属面内的静电势的大小为 ρ/ε_0,其一个电子能量的变化为 $e\rho/\varepsilon_0$。

对半导体而言,其费米面没有电子填充,但是其功函数却定义为电子从费米面到真空能级的能量差。实际上,功函数是个统计的概念,它代表从导带、价带逸出电子所需能量的权重。电子亲和势定义在前面介绍过,指的是导带底到真空能级的能量差,当能带不弯曲的时候,即半导体内没有电场的时候,半导体功函数等于电子亲和势与费米面到导带底的能量之和。

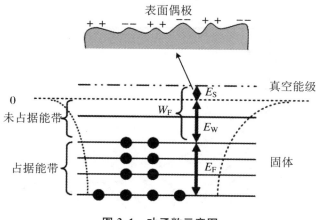

图 3.1 功函数示意图

3.2 肖特基接触

如图 3.2 所示,金属-半导体用金属导线连接之后,两个固体表面电子的能量不再相同,而是存在一个电场,由右指向左。而此时金属-半导体真空能级的电势差为 $V_i = t\xi$;t 是金属-半导体间距,ξ 为金属-半导体之间的电场,Φ_m 为金属功函数,χ_s 为半导体材料的电子亲和势。

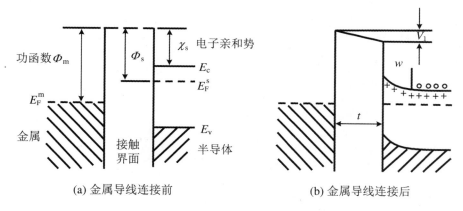

(a) 金属导线连接前　　　　　　　　(b) 金属导线连接后

图 3.2 金属-半导体接触示意图

由图 3.2 可以看出,金属-半导体相互接触后,如果 $t = 0$,那么 $V_i = 0$,表示 V_i 势垒消失;但是如果 ξ 不为 0,那么可以得到图 3.3 中的结果(理想的半导体-金属接触)。此时 $\Phi_{B0} = \Phi_m - \chi_s$。请注意上述金属-半导体接触的能带图中,由于金属有大量的自由电子,其填充位置一直到费米能级处,即费米面,并且不存在能隙,此时由于费米面上有大量的电子,即使有额外的从接触的半导体处转移过来的电子或者从金属失去一些电子到接触的半导体导带,那也不足以使得金属的费米能级或者费米面发生弯曲(因为金属中自由电子数目太多了,远大于金属与半导体间的电子的转移数目)。因此,可以看到上述示意图中,即使金属已经与半导体接触了,但是金属端的费米能级仍然是一条水平线,并没有发生弯曲。

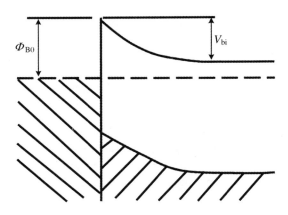

图3.3 当 $\delta = 0$,而 ξ 不为 0 时的金属-半导体接触示意图

肖特基势垒是指在半导体和金属接触的界面处形成的势垒。该势垒的形成原因是金属和半导体之间的能带结构不同,导致能带弯曲和电荷分布不均匀。下面首先以金属与 n 型半导体接触为例,来讨论肖特基势垒。通常理想的金属-半导体接触具有以下特点:① 假定金属和半导体在原子尺度上紧密地接触,在两者之间不存在任何类型的夹层(例如氧化物等);② 金属-半导体之间不存在相互扩散或者混合;③ 在金属-半导体界面没有吸附的杂质或表面电荷。这里讨论的是金属-半导体接触前后,平衡条件下各自的能带图。

如图 3.4 所示,在金属与半导体相互接触之前,它们各自的平衡态下能带结构都呈现水平带形状,因为此时在金属和半导体内部,它们各自都不存在非零的电场。但是当图中金属-半导体相互接触后($\Phi_m > \Phi_s$),形成理想的金属-半导体接触。那么接触后,其能带图将发生变化(图 3.4 中"接触后"示意图)。接触后的金属-半导体能带结构图在平衡态下需满足以下几个条件:① 材料相互接触后,费米能级必须是一致的,即在同一水平线上;② 金属功函数 Φ_m 和半导体亲和势 χ 是材料的常数,因此金属-半导体接触后,这两个材料参数各自在它们的界面位置处到真空能级的间距必须保持不变。

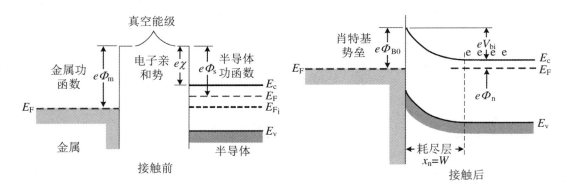

图 3.4 金属-半导体接触前后,平衡态条件下的能带图(肖特基接触)

其中接触后耗尽区(depletion region)的宽度为 W。

由于接触前半导体中费米能级到真空能级的距离小于金属中费米能级到真空能级的距离,并且半导体-金属接触后平衡态下,它们的费米能级位置必须处于同一水平线,因此在接触过程中,半导体的电子将向金属转移,那么半导体中电子的净损失将导致半导体表面出现具有一定宽度 W 的耗尽区(depletion region)和电子势垒,其功能是阻止电子从半导体向金属的转移,当它们达到动态平衡时,其能带结构如图 3.4 中"接触后"示意图所示。在半导体的耗尽区,存在固定不能移动的电荷,此时为满足电中性,在金属一侧存在等量且符号相反的电荷,而金属这一侧的此类电荷的分布宽度非常窄,远小于半导体端耗尽区的宽度 W。因为金属的电子浓度远大于半导体的电子浓度,所以在金属和半导体间转移的电荷相对于金属而言微不足道,不足以使金属能带发生弯曲,因此该类电荷只能分布于金属与半导体的界面,且在金属侧其表面是非常薄的一层。图中 Φ_{B0} 表示金属端电子跃迁到半导体导带过程中,需要经历的一个势垒。即我们常说的肖特基势垒:$e\Phi_{B0} = e(\Phi_m - \chi)$。图中 eV_{bi} 表示当半导体端的导带电子跃迁到金属端的过程中(注意示意图中的符号"e",它们处于半导体的导带上面,表示自由移动的电子),需要经历一个势垒,形象地说就是电子需要翻过那个"高山",才能到达金属端,这个"高山"即势垒,被称为内建电势,与 pn 结的内建电势很相似,可表示为 $eV_{bi} = e(\Phi_{B0} - \Phi_n)$。由此可见电子无论是从金属端转移到半导体端,还是从半导体端转移到金属端,都需要克服一个势垒,才能完成转移,因此这样的金属与半导体的接触,不是欧姆接触。下面求解半导体-金属中空间电荷区的宽度 W:

$$\frac{\mathrm{d}\xi}{\mathrm{d}x} = \frac{\rho(x)}{\varepsilon_s}$$

其中,ξ 代表内建电场。假设半导体掺杂均匀,积分上式,得

$$\xi = \int \frac{eN_d}{\varepsilon_s}\mathrm{d}x = \frac{eN_d x}{\varepsilon_s} + C_1$$

C_1 是常数,在半导体空间电荷区边缘,即 $x = x_n$ 处,$\xi = 0$。从而有

$$C_1 = -\frac{eN_d x_n}{\varepsilon_s}$$

此时电场可表示为

$$\xi(x) = -\frac{eN_d}{\varepsilon_s}(x_n - x)$$

电场与距离呈线性关系,电场的最大值处于金属-n 型半导体界面处(图 3.4)。

由于金属内部电场为零,因而在金属-半导体界面处,金属面上必然有负的表面电荷存在,使得金属内部电场为零。界面内建电势 V_{bi} 可表示为

$$V_{bi} = -\int \xi(x)\mathrm{d}x$$

最终半导体-金属中空间电荷区的宽度 W 求解与 pn 结相似,可表示为

$$W = x_n = \left[\frac{2\varepsilon_s(V_{bi} + V_R)}{eN_d}\right]^{\frac{1}{2}}$$

空间电荷区的宽度 W 与半导体的掺杂浓度的平方根成反比关系,即掺杂浓度越高,空间电荷区宽度 W 越小。

3.3　欧　姆　接　触

如果金属的功函数 Φ_m 小于 n 型半导体的功函数 Φ_s,那么当它们彼此相互接触时,其能

带结构图将发生与肖特基接触的能带结构图不一样的变化,如图 3.5 所示。当电子从半导体端转移到金属端时,没有碰到任何势垒(注意示意图中的符号"e",它们处于半导体的导带上面,表示自由移动的电子);当电子从金属端转移到半导体端时,电子碰到的势垒 $e\Phi_{Bn}$ 一般很小(相对重掺杂半导体,$e\Phi_{Bn}$ 非常小),因此我们把这样的接触称为欧姆接触。这里特别注意几个限定条件:① 半导体是 n 型半导体;② 金属的功函数 Φ_m 小于 n 型半导体的功函数 Φ_s。因此,在该体系中,多数载流子是电子,它们从半导体的导带转移到金属,不会碰到任何势垒。

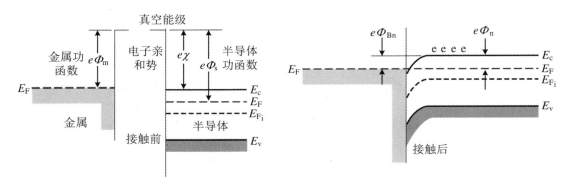

图 3.5　金属-半导体接触前后,平衡态条件下的能带图(欧姆接触)

3.4　肖特基势垒二极管

肖特基势垒二极管(Schottky barrier diode,SBD)是一种半导体二极管,由肖特基势垒形成,具有快速开关、低漏电流、低反向漏电压等优点,广泛应用于高频、微波、功率电子、光电子等领域。在一个肖特基接触的金属-n 型半导体器件中,如果在该 n 型半导体上施加一个正的电压 V_R,而在金属上施加的是对应的负电压,如图 3.6 所示。

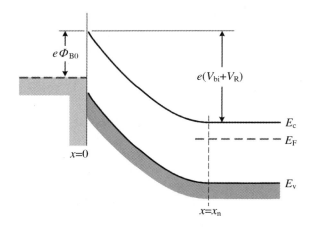

图 3.6　肖特基势垒二极管反向偏压 V_R 作用下的能带结构图

注意这里的半导体是 n 型的。

由于 V_R 与半导体耗尽层的内建电势 V_{bi} 同向,因此半导体端的耗尽区的宽度 W 相对平衡态时,变宽了,并且其耗尽区内的总电场增强了,这也意味着其能带弯曲的幅度更大。这时半导体端的电子如果想转移到金属端,它们碰到的势垒比之前平衡态时更大了,使得更少的电子能从半导体端转移到金属端了,此时,我们称肖特基势垒二极管处于截止状态。但是,当在该半导体端施加一个负电压 V_a,而在金属端施加对应的正电压时(图 3.7),由于 V_a 与半导体耗尽层的内建电势 V_{bi} 反向,因此半导体内总的电势为 $V_{bi} - V_a$。这意味着半导体内耗尽层的总电场变弱,电势变小,那么这时电子从半导体端转移到金属端,碰到的势垒比平衡态时要小很多了,这样相对于平衡态,就有更多的电子从半导体端转移到金属端,此时,我们称肖特基势垒二极管处于导通状态。这里特别注意,无论肖特基势垒二极管处于导通状态还是截止状态,电子从金属端转移到半导体端碰到的势垒始终与平衡态时碰到的势垒大小一样(因为外加的电压无论是正的还是负的,都只是改变了空间电荷区的势垒,这一点需要留意)。图 3.8 描述了肖特基势垒二极管在正向偏压和反向偏压作用下,其电流-电压曲线图。这里特别注意,图中 I_{ms} 代表从金属流向半导体的电流,也就是电子从半导体转移到金属的运动方向;同理,I_{sm} 代表从半导体流向金属的电流,也就是电子从金属转移到半导体的运动方向。

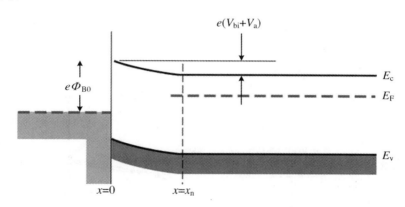

图 3.7　肖特基势垒二极管正向偏压 V_a 作用下的能带结构图

当正向偏压 V_a 作用在肖特基势垒二极管时,在金属-半导体界面处电子的浓度 n 可表示为

$$n = N_c \exp\left[-e\frac{(\varphi_{Bn} - V_a)}{kT}\right]$$

根据元素动力学理论,电子从半导体转移到金属端而引起的电流密度 J_{ms} 可表示为

$$J_{ms} = \frac{eN_c\bar{v}}{4}\left[\exp\frac{-e(\Phi_{Bn} - V_a)}{kT}\right]$$

其中,$\bar{v}$ 表示电子的平均速度。当然此时也有电子从金属端转移到半导体端,即引起的电流标记为 J_{sm},但不受外电压 V_a 的影响,因为金属端费米面不会有大的变化。我们知道当 $V_a = 0$ 时,J_{sm} 大小跟从半导体转移到金属端的电子引起的电流 $J_{ms}(V_a = 0)$ 大小一致,相平衡。因此 J_{sm} 可表示为

$$J_{sm} = J_{ms}(V_a = 0) = \frac{eN_c\bar{v}}{4}\left(\exp\frac{-e\Phi_{Bn}}{kT}\right)$$

由于 J_{ms} 和 J_{sm} 的方向相反,因此利用上述公式,我们可以求得正偏压 V_a 作用下,金属-半导

体肖特基势垒二极管的净电流密度 $J_{总}$ 为

$$J_{总} = J_{ms} - J_{sm} = \left[A^* T^2 \exp\left(\frac{-e\Phi_{Bn}}{kT}\right) \right] \left[\exp\left(\frac{eV_a}{kT}\right) - 1 \right]$$

其中，$A^* = \frac{4\pi e m_n^* k^2}{h^3}$。通常总电流密度 $J_{总}$ 可简写为

$$J_{总} = J_{sT} \left[\exp\left(\frac{eV_a}{kT}\right) - 1 \right]$$

其中，J_{sT} 称为反向饱和电流密度，可表示为

$$J_{sT} = A^* T^2 \exp\left(\frac{-e\Phi_{Bn}}{kT}\right)$$

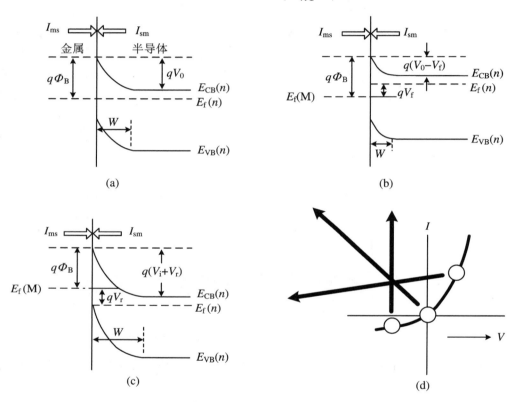

图 3.8　肖特基势垒二极管在正向偏压和反向偏压作用下，电流-电压曲线图

下面比较一下肖特基势垒二极管和 pn 结二极管，它们的最大不同有两点：① 反向饱和电流密度不一样；② 开关特性响应频率不一样。肖特基势垒二极管反向饱和电流密度表达式为

$$J_{sT} = A^* T^2 \exp\left(\frac{-e\Phi_{Bn}}{kT}\right)$$

pn 结二极管反向饱和电流密度表达式为

$$J_s = \frac{eD_p p_{n_0}}{L_p} + \frac{eD_n n_{p_0}}{L_n}$$

pn 结中的反向饱和电流主要是由少数载流子的扩散形成的，而在肖特基势垒二极管的反向饱和电流主要是由热激发多数载流子越过势垒形成的。一般肖特基势垒二极管反向饱和电

流密度大于 pn 结中的反向饱和电流密度几个数量级。在肖特基势垒二极管反向饱和电流中同样包含由载流子产生引起的电流,只是它的大小相对于 J_{sT} 而言可以忽略。然而在 pn 结中的反向饱和电流却主要由载流子产生引起的电流主导,$J_{sT} \gg J_s$。在正向电压作用下,肖特基势垒二极管和 pn 结二极管的正向电流特性也不一样,例如他们的开启电压不一样。如图 3.9 所示。

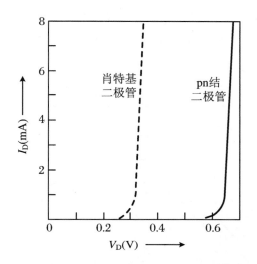

图 3.9　正向偏压下,肖特基势垒二极管和 pn 结二极管电流-电压曲线

　　一般开启电压与金属-半导体形成的势垒相关,也与 pn 结的掺杂浓度相关。开关响应频率也不一样。肖特基势垒二极管是多数载流子输运器件,少数载流子的作用可忽略。而 pn 结中,在正向偏压的作用下,存在一个扩散电容,即在 n 区有非平衡空穴的聚集以及在 p 区有非平衡电子的聚集,从而出现电容大小随正向电压的变化,因此在高频作用下,必然影响器件的整流效应。

3.5　表　面　态

　　实验发现,半导体-金属接触的势垒 Φ_{Bn} 几乎与金属功函数无关,这主要是由于表面态的存在。金属-半导体接触后,如果不存在表面态,则金属表面的负电荷 Q_m 与半导体的正电荷 Q_d 相等,使得体系呈现电中性。但是如果存在表面态表面电荷 Q_{ss},那么电中性条件变为

$$Q_m + Q_d + Q_{ss} = 0$$

表面态的占据状态主要由费米能级决定。如图 3.10 所示,如果中性能级 Φ_0 高于费米能级,那么表示 Φ_0 到费米能级间为空态,此时表面态呈正电性,即施主型。这时,与没有表面态的情况比较,Q_d 此时要小。那么这时空间电荷宽度 W 会变窄一些,能带弯曲也会减小。

　　当半导体的电子亲和势 χ 一定时,势垒高度 $e\Phi_{Bn}$ 与金属功函数 $e\Phi_m$ 成正比:

$$e\Phi_{Bn} = e(\Phi_m - \chi)$$

而实际的实验数据表明,即使半导体与功函数相差很大的不同金属接触时,它们产生的势垒

高度却相差很小。这主要是半导体表面存在表面态的缘故。在半导体表面处的禁带中存在着表面态,对应的能级称为表面能级。表面态一般分施主型和受主型两种。若能级被电子占据时呈电中性,释放电子后呈正电性,则称为施主型表面态;若能级空着时为电中性,而接受电子后呈负电性,则称为受主型表面态。一般表面态在半导体表面禁带中形成一定的分布,表面处存在一个距离价带顶为 $e\Phi_0$ 的能级。电子正好填满 $e\Phi_0$ 以下的所有表面态,表面呈电中性。$e\Phi_0$ 以上的表面态被电子填充时,表面带负电,呈现受主型。对大多数半导体,$e\Phi_0$ 约为禁带宽度的三分之一。如图 3.11 所示,假定在一个 n 型半导体表面存在表面态。

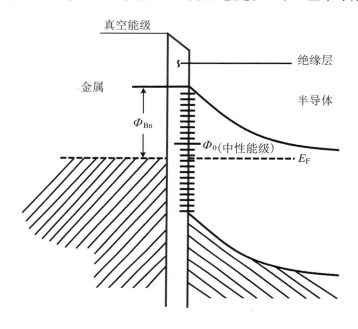

图 3.10 表面态存在下,金属-半导体接触能带图

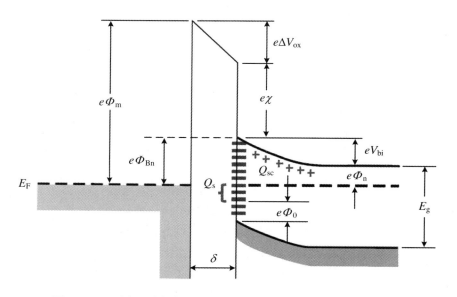

图 3.11 n 型半导体禁带处表面态存在下,金属-半导体接触能带图

半导体费米能级 E_F 高于 $e\Phi_0$（因为电子填充到 $e\Phi_0$）。如果 $e\Phi_0$ 以上存在受主表面态，则在 $e\Phi_0$ 到 E_F 之间的能级将基本上被电子填满，表面带负电 Q_s。这样，在半导体表面附近必定出现等量的正电荷，成为正的空间电荷区。如果空间电荷区的总正电荷为 Q_{sc}，而金属端负电荷为 Q_m，那么因为电中性必须满足 $Q_m + Q_s = Q_{sc}$。表面电荷在空间电荷区形成的势垒高度标记为 eV_{ss}，它在此情况下小于图中总的内建电势 V_{bi}。如果表面态密度很大，那么形成的势垒高度就很大，从而导致表面处 E_F 很接近 $e\Phi_0$，势垒高度就等于 $eV_{bi} = E_g - e\Phi_0 - e\Phi_n$。如图 3.12 所示，这时我们称势垒高度被高表面态钉扎（pinned）。

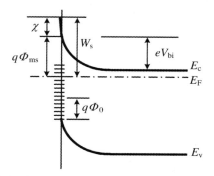 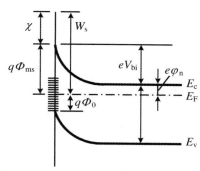

存在受主表面态时n型半导体的能带图（$\Phi_m > \Phi_s$）　　存在高表面态密度时n型半导体的能带图（$\Phi_m > \Phi_s$）

图 3.12　存在受主表面态时，n 型半导体的能带结构图

如果不存在表面态，半导体的功函数由费米能级在禁带的位置决定，即 $W_s = \chi + e\Phi_{ms}$。如果存在表面态，即使不与金属接触，表面也会形成势垒，半导体的功函数 W_s 会有相应的改变。半导体的功函数 W_s 增大为 $W_s = \chi + eV_{bi} + e\Phi_n$，改变的数值就是势垒高度。当表面态密度很高时，半导体的功函数改变为 $W_s = \chi + E_g - e\Phi_0$，几乎与施主浓度无关。当这种具有受主表面态的 n 型半导体与金属接触时（$\Phi_m > \Phi_s$），同样有电子流向金属。不过现在的电子并不是来自半导体体内，而是由受主表面态提供。若表面态密度很高，能放出足够多的电子，则半导体势垒区的情形几乎不发生变化。平衡时，空间电荷区的正电荷等于表面受主态上留下的负电荷与金属表面负电荷之和。

由上述知，当半导体的表面态密度很高时，它可以屏蔽金属接触的影响，使得半导体内的势垒高度与金属功函数几乎无关，而基本上由半导体表面性质所决定，金属半导体的接触电势差落在两个表面之间，这是极端情况。通常，接触电势差有一部分要降落在半导体表面以内。金属功函数此时对表面势垒将产生一定的影响，但影响不大。

金属-半导体系统的势垒高度由金属功函数和界面共同决定。势垒高度的表达式可以基于以下两个假设获得：① 金属-半导体紧密接触，中间有原子尺度的界面层，这一层对电子而言是透明的，但可以有电势差；② 表面处单位面积、单位能量表面态决定半导体表面特性，与金属无关。考虑一个受主界面缺陷的半导体，费米能级 E_F 比中性能级 $e\Phi_0$ 高。其界面缺陷密度为 D_{it} 个状态/（$cm^2 \cdot eV$）。从 $e\Phi_0 + E_v$ 到费米能级 E_F 之间的能量范围内，界面缺陷密度为常数，半导体一侧的界面缺陷电荷密度为 Q_s，表达式为

$$Q_s = -eD_{it}(E_g - e\Phi_0 - e\Phi_{Bn})$$

单位为 C/cm^2，热平衡态下半导体端耗尽层空间电荷区中形成的电荷为

$$Q_{sc} = eN_d W_d = [2e\varepsilon_s N_d (e\Phi_{Bn} - e\Phi_n)]^{\frac{1}{2}}$$

半导体表面总的等效表面电荷密度为上述两式之差，即 $Q_{sc} - Q_s$。由于界面层非常薄，其空间电荷效应可忽略，在金属表面产生的符号相反的电荷 Q_m（单位为 C/cm^2）可表示为 $Q_m = Q_{sc} - Q_s$。而界面层上电势 ΔV_{ox}（图 3.11）可以通过对金属-半导体表面电荷运用高斯定理得到：

$$\Delta V_{ox} = -\frac{\delta Q_m}{\varepsilon_i} = -\frac{Q_{sc} - Q_s}{\varepsilon_i}$$

ε_i 为界面层的介电常数，δ 为界面层厚度。我们同样可把界面层上电势 ΔV_{ox}（图 3.11）表示为

$$\Delta V_{ox} = \Phi_m - (\chi + \Phi_{Bn})$$

利用表达式的变换，有

$$\Phi_m - (\chi + \Phi_{Bn}) = -\left[\frac{2e\varepsilon_s \delta^2 N_d}{\varepsilon_i^2}(e\Phi_{Bn} - e\Phi_n)\right]^{\frac{1}{2}} - \frac{e\delta D_{it}}{\varepsilon_i}(E_g - e\Phi_0 - e\Phi_{Bn})$$

此时，引入 $C_1 = -\frac{2e\varepsilon_s N_d \delta^2}{\varepsilon_i^2}$ 以及 $C_2 = \frac{\varepsilon_i}{\varepsilon_i + e^2 \delta D_{it}}$ 后，上述表达式变为

$$\Phi_{Bn} = C_2(\Phi_m - \chi) + (1 - C_2)\left(\frac{E_g}{e} - \Phi_0\right)$$

此时，我们可以得到：

(1) 当 $D_{it} \to \infty$ 时，$C_2 \to 0$，从而有 $e\Phi_{Bn} = E_g - e\Phi_0$，此时表面态浓度大，费米面被钉扎在 $e\Phi_0$ 处。势垒高度与金属功函数无关，完全决定于半导体表面特性。

(2) 当 $D_{it} \to 0$ 时，则 $C_2 \to 1$，从而有 $e\Phi_{Bn} = e(\Phi_m - \chi)$，此时 Φ_{Bn} 为忽略表面态效应时的理想肖特基势垒高度。

3.6 金属-半导体接触能带结构图

基于金属与半导体之间不同功函数的差异性，本节我们集中讨论金属与 n 型或者 p 型半导体接触时，形成的不同能带结构图。如图 3.13 所示，它代表金属与 n 型半导体接触时，由于金属功函数 Φ_m 大于半导体功函数 Φ_s 而形成的肖特基接触（图中符号"e"表示自由移动的电子）。n 型半导体导带中自由电子转移到金属端，将需要克服 qV_{bi} 大小的势垒；而当金属端自由电子转移到 n 型半导体一端时，也需要克服一个势垒，其大小为 $q\Phi_B$，如图中箭头所示，因此我们称这样的接触为肖特基接触。

当金属功函数 Φ_m 小于 n 型半导体的功函数 Φ_s 时，它们接触后将形成欧姆接触，如图 3.14 所示。这时我们从其能带结构图中可以看到，n 型半导体导带中的自由电子转移到金属端的过程中，无需克服任何势垒；而金属端的自由电子转移到该 n 型半导体端时，也无需克服任何势垒，如图中箭头所示，因此，我们把这样的理想接触称为欧姆接触。

当金属与一个 p 型半导体接触时,如果此时金属功函数 Φ_m 小于该 p 型半导体的功函数 Φ_s,这时该金属与 p 型半导体接触形成的能带结构图如图 3.15 所示。注意,图中符号"h"代表自由移动的空穴。

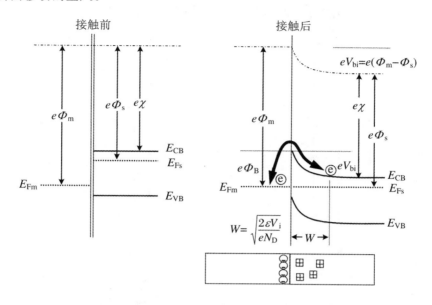

图 3.13　金属与 n 型半导体接触的能带示意图($\Phi_m > \Phi_s$)

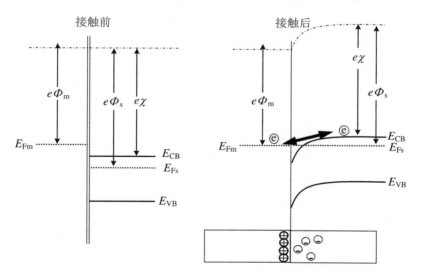

图 3.14　金属与 n 型半导体接触的能带示意图($\Phi_m < \Phi_s$)

从图 3.15 中我们可以看到,p 型半导体价带中自由移动的空穴转移到金属端时,需要克服一个 eV_{bi} 大小的势垒;而当金属端自由空穴转移到 p 型半导体一端时,也需要克服一个势垒,其大小为 $e\Phi_B$,如图中箭头所示,我们把这样的接触称为肖特基接触。注意,这里在讨论 p 型半导体价带中自由移动的空穴时,它们处于价带下方,而在前面讨论 n 型半导体导带中自由移动的电子时,这些电子处于导带的上方,这样来理解电子或者空穴在移动过程中是否需要克服势垒,就一目了然了。

当金属功函数 Φ_m 大于 p 型半导体的功函数 Φ_s 时,它们接触后将形成欧姆接触,如图 3.16 所示。这时我们从其能带结构图中可以看到,p 型半导体价带中的自由空穴转移到金属端的过程中,无需克服任何势垒;而金属端的自由空穴转移到该 p 型半导体端时,也无需克服任何势垒,如图中箭头所示,因此,我们把这样的理想接触称为欧姆接触。

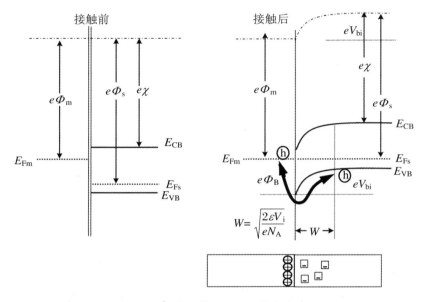

图 3.15　金属与 p 型半导体接触的能带示意图($\Phi_m < \Phi_s$)

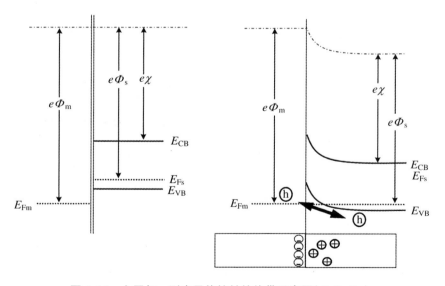

图 3.16　金属与 p 型半导体接触的能带示意图($\Phi_m > \Phi_s$)

上述结果展示了金属与不同半导体之间既可以形成肖特基接触,又可以形成欧姆接触。因此在设计器件时,首先需要弄清楚半导体是 n 型还是 p 型的,其次比较金属与半导体之间的功函数大小。特别地,由于在实际应用中总是有表面态的存在,因此真正想获得优化的金属-半导体的接触,需要把表面态这一因素也在器件设计时考虑进去。

第4章　金属–氧化物–半导体场效应晶体管

金属–氧化物–半导体场效应晶体管（MOSFET）通过与其他电路元件结合起来，可产生电流增益、电压增益以及信号功能增益等性能，它广泛应用于数字电路中，并且因为其尺寸小，可在单个集成电路中制造几百万个器件。

4.1　金属–氧化物–半导体器件结构及能带图

金属–氧化物–半导体（MOS）场效应晶体管的核心是金属–氧化物–半导体电容，如图4.1所示。该结构中金属可以是铝或者其他金属，但更多的是在氧化物上面沉积的高导电率的多晶硅，因为多晶硅在制造工艺中具有耐高温等特点。然而，随着半导体特征尺寸的不断缩小，金属作为栅极材料最近又再次得到了研究人员的关注。

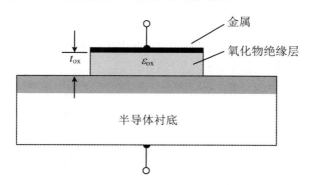

图4.1　金属–氧化物–半导体场效应晶体管电容结构

金属–氧化物–半导体场效应晶体管物理性质可以借助简单的平行板电容器加以理解，如图4.2所示。图4.2(a)展示了在电压偏置条件下，平行板电容器的电荷分布。单位面积电容为 $C = \dfrac{\varepsilon}{d}$；单位面积电荷为 $Q = CV$；电场为 $\xi = \dfrac{V}{d}$，其中，d 为平板间距，ε 为介电系数。图4.2(b)展示了 p 型衬底的金属–氧化物–半导体器件电容。当我们在金属端施加一个负电压时，意味着对该器件施加了一个负门电压。由平行板电容器原理，我们知道此时负电荷将出现在金属门电极端，并且此时在氧化物层产生的电场方向指向负电荷端，这也意味着在氧化物–半导体界面处，存在多子空穴的聚集，如图4.2(c)所示。在氧化物–半导体界面处聚集的多子空穴与金属端的负电荷构成的电容器结构，与图4.2(a)中的平行板电容器结构相类似。

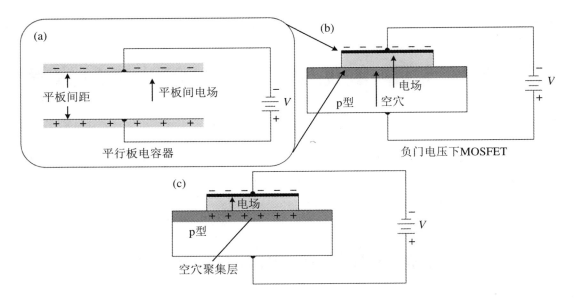

图 4.2　平行板电容器

（a）平行板电容器电场及平板电荷；（b）负门电压下金属-氧化物-半导体器件电场及电荷运动；（c）负门电压下金属-氧化物-半导体器件电场及电荷聚集层的形成。

如果针对上述相同的金属-氧化物-半导体器件，我们在金属电极端施加一个正电压，这时在金属电极端出现正电荷，那么由于电场方向的反向，在氧化物-半导体界面处，将感应出负电荷，而这些负电荷将与此处的多子空穴复合，最终在氧化物-半导体界面处只剩下被离化的受主原子，即带负电且固定不动的负离子，进而此区域就形成了一个耗尽的空间电荷区，其空间电荷区的宽度为 x_d，如图 4.3 所示。

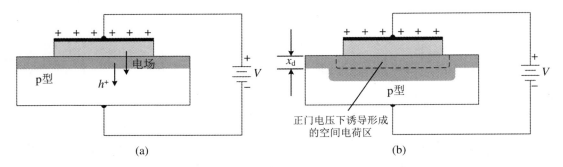

图 4.3　正门电压下，金属-氧化物-半导体器件的电场、电荷分布及空间电荷区的形成

在金属-氧化物-p 型半导体器件中，当金属端施加的门电压为零时（注意这里把金属端施加的电压称为门电压，是因为施加电压后，金属端与半导体之间没有发生电子的流动，即没有电流在金属与半导体之间流动，因为氧化层是不导电的，因此，我们把这样的电压称为门电压，它起的作用就仅仅是改变半导体与氧化物的那个界面处载流子数目），其能带结构如图 4.4(a)所示。由于施加的门电压为零，所以半导体的能带不发生弯曲现象，其当前能带结构与热平衡状态时的能带结构一致。但是当在金属端施加一个负的门电压时，如图 4.4(b)所示，由于电容效应，在氧化物-p 型半导体界面处，将发生正电荷空穴聚集，此时界面处半导体能带发生弯曲（载流子数目发生变化了，能带就会发生弯曲等变化）。如果金属端施加的是一个正的门电压,如图 4.4(c)所示,由于电容效应,在氧化物-p 型半导体界面处感应的负电荷将与界面处 p 型半导体的多数载流子空穴复合,进而导致氧化物-p 型半导体界面处只剩下被离化的受主原子,即带负电且固定不动的负离子,进而形成了一个耗尽的空间电荷区,其宽度为 x_d。当然在界面处,p 型半导体的能带发生弯曲,但是弯曲的方向与图 4.4(b)相反。结合图 4.4(b)和图 4.4(c)所示,我们可以看到,由于门电压的影响仅仅局限于氧化物-p 型半导体界面附近,所以非零的门电压仅仅导致界面处半导体的能带发生弯曲,而不会导致半导体内部能带发生弯曲,因此半导体内部能带结构仍然是水平的状态。

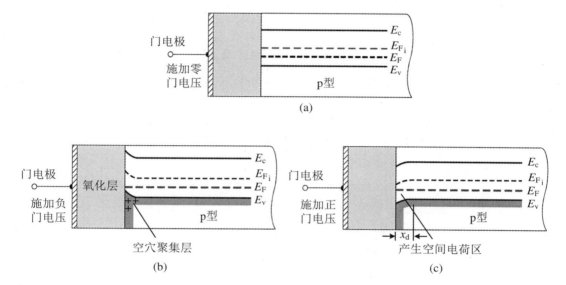

图 4.4　金属-氧化物-p 型半导体器件在零门电压、负门电压、正门电压下的能带结构图

现在我们讨论如果在金属端施加一个非常大的正门电压,如图 4.5 所示。此时,由于电容效应,在氧化物-p 型半导体界面感应出更多的负电荷,从而使得空间电荷区宽度变大,并且界面处能带弯曲得更厉害。当界面处半导体本征费米能级 E_{F_i} 由于弯曲而出现低于费米能级 E_F 状况时,由图 4.5 可以看出,这时导带比价带更接近费米能级 E_F。这意味着在氧化物-p 型半导体界面处,半导体端的表面从原来的 p 型转变成 n 型了,这就是我们所说的氧化物-p 型半导体界面处的电子反型层。

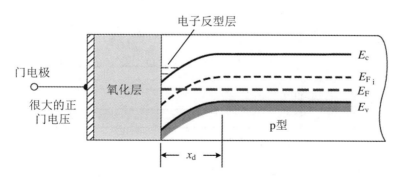

图 4.5　很大的正门电压作用下,金属-氧化物-p 型半导体器件能带结构图及电子反型层的形成

在上述讨论中,我们假定的半导体为 p 型半导体。对于 n 型衬底的金属-氧化物-半导体器件,同样可以构造出它在不同门电压下的能带结构图如图 4.6 所示。

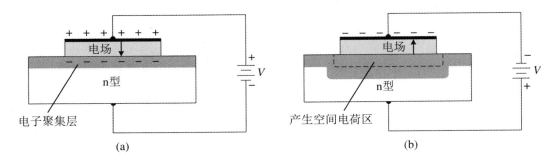

(a)   (b)

图 4.6   金属-氧化物-n 型半导体器件在正的门电压、负的门电压条件下的电容结构图

由图 4.6 可以看到该器件中电荷的分布与电场的方向相同或相反。其中,在金属端施加一个正的门电压时,在氧化物-n 型半导体界面出现电子聚集层;而在金属端施加一个负的门电压时,在氧化物-n 型半导体界面形成耗尽的空间电荷区。图 4.7 展示的是金属-氧化物-n 型半导体器件在不同门电压下的能带结构图。

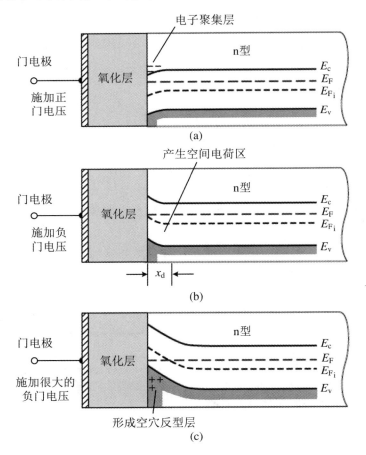

图 4.7   金属-氧化物-n 型半导体器件在不同门电压下的能带结构图

由图 4.7 可知,当在金属端施加一个正的门电压时,在氧化物-n 型半导体界面出现电子聚集层,进而导致氧化物-n 型半导体界面处能带向上弯曲;当在金属端施加一个负的门电压时,在氧化物-n 型半导体界面处形成耗尽空间电荷区,其界面处能带向下弯曲;如果在金属端施加一个很大的正门电压,这时在界面处出现本征费米能级 E_{F_i} 高于平衡态费米能级 E_F 的现象,此时界面处半导体的价带离平衡态费米能级更近,这也就意味着在氧化物-n 型半导体界面处的半导体已经从 n 型半导体转变为 p 型半导体,通常称界面处形成空穴反型层。但是这里要注意,门电压通常仅仅影响氧化物-半导体的界面性质。离界面很远的体相半导体仍然是 n 型半导体,所以远离界面的半导体能带仍然是水平的,没有发生弯曲。

4.2　耗尽层宽度

这里我们考虑一个氧化物-p 型半导体结构,如图 4.8 所示。即使没有金属跟氧化物-p 型半导体结构接触,由于氧化物-p 型半导体存在表面态,从而导致氧化物-p 型半导体界面处能带出现弯曲,其弯曲的幅度等于表面势 Φ_s 的大小,而图中 Φ_{fp} 表示 E_{F_i} 和 E_F 之间的势垒高度。我们知道无掺杂本征半导体空穴浓度可表示为

$$p_i = N_v \exp\left[\frac{-(E_{F_i} - E_v)}{kT}\right]$$

平衡态 p 型半导体价带空穴浓度 p_0 可表示为

$$p_0 = N_v \exp\left[\frac{-(E_F - E_v)}{kT}\right] = p_i \exp\left(\frac{E_{F_i} - E_F}{kT}\right)$$

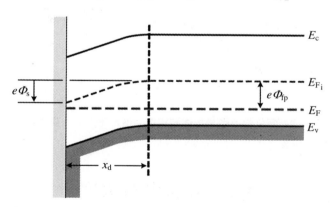

图 4.8　氧化物-p 型半导体结构的能带图

从而有

$$e\Phi_{fp} = E_{F_i} - E_F = kT\ln\left(\frac{p_0}{p_i}\right) = kT\ln\left(\frac{N_a}{p_i}\right)$$

即

$$\Phi_{fp} = \frac{kT}{e}\ln\left(\frac{N_a}{p_i}\right)$$

此时,对比 pn 结在 $N_d \gg N_a$ 条件下空间电荷区宽度 W 的公式

$$W \approx \left[\frac{2\varepsilon_s(V_{bi} + V_R)}{eN_a}\right]^{\frac{1}{2}}$$

我们可以把氧化物-p型半导体结构由于表面势 Φ_s 而形成的空间电荷区宽度 x_d 表示为

$$x_d \approx \left(\frac{2\varepsilon_s \Phi_s}{eN_a}\right)^{\frac{1}{2}}$$

这里我们用表面势 Φ_s 取代了 $V_{bi} + V_R$。当 $\Phi_s = 2\Phi_{fp}$ 时,如图 4.9 所示,表面处费米面高于本征费米面,而体内准费米面还是在本征费米面之下。在这一特殊形势下,表面处电子的浓度等于体内空穴的浓度。这种情况,我们称为阈值反型点,所加的电压称为阈值电压。如果所加门电压大于这个阈值,界面处的导带会轻微地向费米能级弯曲,空间电荷区的宽度改变微弱,这种情况下,空间电荷区已达最大宽度 x_{dT},但是其界面处的电子浓度随表面势的变化呈现指数函数的增加。此时空间电荷区最大宽度 x_{dT} 可表示为

$$x_{dT} \approx \left(\frac{4\varepsilon_s \Phi_{fp}}{eN_a}\right)^{\frac{1}{2}}$$

以此类推,也可以得到 n 型衬底位于阈值电压的能带图以及对应的空间电荷区最大宽度

$$x_{dT} \approx \left(\frac{4\varepsilon_s \Phi_{fn}}{eN_d}\right)^{\frac{1}{2}}$$

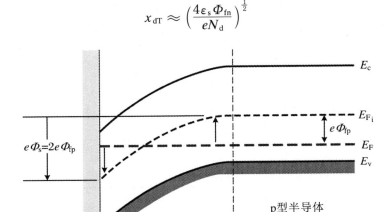

图 4.9　氧化物-p型半导体结构在阈值反型点的能带结构图

4.3　表面电荷浓度

平衡态时,氧化物-p型半导体结构中电子反型层电荷密度 n_{ps} 可表示为

$$n_{ps} = N_c \exp\left[\frac{-(E_{sc} - E_F)}{kT}\right]$$

$$= N_c \exp\left[\frac{-(E_{F_i} - E_c - E_F - E_{F_i} + E_c + E_{sc})}{kT}\right]$$

$$= N_c \exp\left[\frac{-(E_c - E_{F_i} + E_{F_i} - E_F + E_{sc} - E_c)}{kT}\right]$$

$$= n_i \exp\left[\frac{-(E_{F_i} - E_F - e\Phi_s)}{kT}\right]$$

其中，E_{sc} 为界面处导带能级；平衡态时，p 型半导体导带中电子浓度可表示为

$$n_{p_0} = N_c \exp\left[\frac{-(E_c - E_F)}{kT}\right] = n_i \exp\left[\frac{E_F - E_{F_i}}{kT}\right]$$

此时有

$$n_{ps} = n_{p_0} \exp\left(\frac{e\Phi_s}{kT}\right)$$

由此可以看出氧化物-p 型半导体结构中电子反型层电荷密度 n_{ps} 与表面电势 Φ_s 呈指数关系。

4.4　功　函　数　差

　　这里我们讨论金属、氧化物、半导体相互接触后的功函数差。

　　图 4.10(a) 为金属、氧化物、半导体接触前相对于真空能级的能带图。Φ_m 是金属功函数；χ 为半导体电子亲和势。图 4.10(b) 为金属、氧化物、半导体接触后，在门电压为零的条件下的能带结构图。Φ'_m 为修正的金属功函数，即接触后，从金属向氧化物的导带中注入一个电子所需的势能。同样地，χ' 为修正的电子亲和势。V_{ox0} 为零门电压时，穿过氧化物的电势差，因为 Φ_m 和 χ 存在势垒，所以其值不一定为零。Φ_{s0} 为表面势，由图可知，由于金属端平衡态费米能级与半导体端平衡态费米能级在同一水平线，因此有

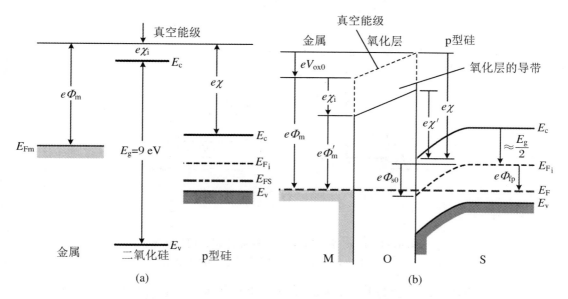

图 4.10　金属、氧化物、半导体接触前、接触后处于热平衡态下的能带结构图

$$e\Phi'_m + eV_{ox0} = e\chi' + \frac{E_g}{2} - (e\Phi_{s0} - e\Phi_{fp})$$

并且可转化为

$$V_{\text{ox0}} + \Phi_{\text{s0}} = -\left[\Phi'_{\text{m}} - \left(\chi' + \frac{E_{\text{g}}}{2e} + \Phi_{\text{fp}}\right)\right]$$

此时定义金属-氧化物-p型半导体功函数差 Φ_{ms} 为

$$\Phi_{\text{ms}} = \Phi'_{\text{m}} - \left(\chi' + \frac{E_{\text{g}}}{2e} + \Phi_{\text{fp}}\right)$$

通常人们在氧化层上沉积重掺杂的多晶硅来取代纯金属,进而用作门电极,如图4.11所示。这里阐述重掺杂的多晶硅,假定了在 n^+ 时有 $E_{\text{F}} = E_{\text{c}}$;在 p^+ 时有 $E_{\text{F}} = E_{\text{v}}$。对于 n^+ 多晶硅-氧化物-p型半导体,其功函数差可表示为

$$\Phi_{\text{ms}} = \chi' - \left(\chi' + \frac{E_{\text{g}}}{2e} + \Phi_{\text{fp}}\right) = -\left(\frac{E_{\text{g}}}{2e} + \Phi_{\text{fp}}\right)$$

对于 p^+ 多晶硅-氧化物-p型半导体,其功函数差可表示为

$$\Phi_{\text{ms}} = \left(\chi' + \frac{E_{\text{g}}}{e}\right) - \left(\chi' + \frac{E_{\text{g}}}{2e} + \Phi_{\text{fp}}\right) = \frac{E_{\text{g}}}{2e} - \Phi_{\text{fp}}$$

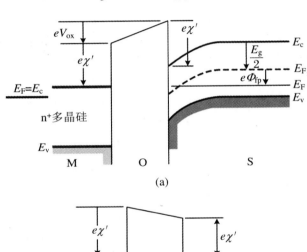

(a)

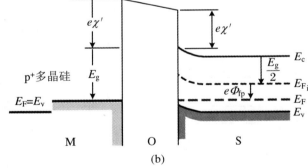

(b)

图4.11 以 n^+ 多晶硅(a)、p^+ 多晶硅(b)为门电极下,
氧化物-p型半导体热平衡态下的能带图

以上论述的是p型半导体作为衬底的情况。如果考虑n型半导体作为衬底(图4.12),可以类推得到金属-氧化物-n型半导体功函数差 Φ_{ms} 为

$$e\Phi'_{\text{m}} = eV_{\text{ox}} + e\chi' + \frac{E_{\text{g}}}{2} + (e\Phi_{\text{s}} - e\Phi_{\text{fn}})$$

变换后为

$$V_{\text{ox}} + \Phi_{\text{s}} = \Phi'_{\text{m}} - \left(\chi' + \frac{E_{\text{g}}}{2e} - \Phi_{\text{fn}}\right)$$

即

$$\Phi_{\mathrm{ms}} = V_{\mathrm{ox}} + \Phi_{\mathrm{s}} = \Phi_{\mathrm{m}}' - \left[\chi' + \left(\frac{E_{\mathrm{g}}}{2e} - \Phi_{\mathrm{fn}} \right) \right]$$

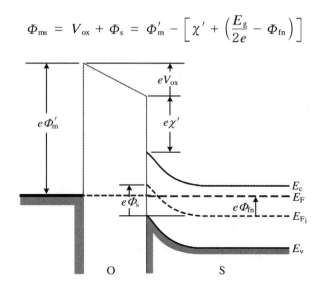

图 4.12　金属-氧化物-p 型半导体热平衡态下的能带图

4.5　平　带　电　压

平带电压是指在一定门电压作用下,半导体能带不发生弯曲,也就是说净空间电荷为零。在金属-氧化物-半导体器件中,当施加的门电压为零时,由于在金属-氧化物-半导体之间存在功函数差或者存在缺陷电荷,所以这个情形下,在氧化物-半导体界面处,半导体能带会发生弯曲。而平带电压就是指在金属门电极端施加一定的门电压,使得氧化物-半导体界面处半导体的能带不发生任何弯曲(图 4.13)。

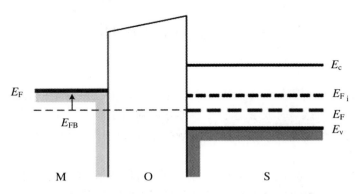

图 4.13　金属-氧化物-p 型半导体器件平带条件下的能带图

在零门电压条件下,金属-氧化物-p 型半导体的功函数可表示为

$$\Phi_{\mathrm{ms}} = V_{\mathrm{ox0}} + \Phi_{\mathrm{s0}}$$

而在非零门电压 V_{G} 作用下,有

$$V_G = \Delta V_{ox} + \Delta \Phi_s = (V_{ox} - V_{ox0}) + (\Phi_s - \Phi_{s0})$$

结合上述两个公式,有

$$V_G = V_{ox} + \Phi_s + \Phi_{ms}$$

图 4.14 为平带时,金属-氧化物-p 型半导体器件界面的电荷分布情况。其中氧化物-半导体界面处,半导体端的净电荷为零,其能带不发生弯曲,即 $\Phi_s = 0$。金属-氧化物界面处的电荷密度为 Q'_m,氧化物-半导体界面处氧化层端存在电荷密度为 Q'_{ss}。由电中性原理,可得

$$Q'_m + Q'_{ss} = 0$$

根据平行板电容器公式,可得

$$V_{ox} = \frac{Q'_m}{C_{ox}} = \frac{-Q'_{ss}}{C_{ox}}$$

因此,在平带条件下,门电压可写为

$$V_G = V_{FB} = \Phi_{ms} - \frac{Q'_{ss}}{C_{ox}}$$

其中,V_{FB} 称为平带电压。

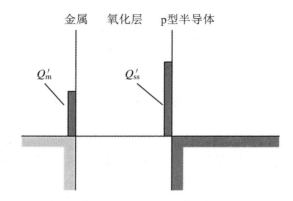

图 4.14　金属-氧化物-p 型半导体器件平带下电荷分布

4.6　阈　值　电　压

阈值电压是指达到阈值反型点时所需的门电压。阈值反型点是指对于 p 型半导体衬底的器件,当表面势 $\Phi_s = 2\Phi_{fp}$ 时或者对于 n 型半导体衬底的器件,当表面势 $\Phi_s = 2\Phi_{fn}$ 时的器件状态。现在我们讨论金属-氧化物-p 型半导体器件处于阈值反型点时的电荷分布情况,如图 4.15 所示。

此时,空间电荷区的宽度已经达到最大值。Q'_{mT} 表示在阈值反型点状态时,金属门电极端电荷密度;Q'_{ss} 表示在阈值反型点状态时,氧化层端电荷密度;而 $Q'_{SD}(\max)$ 表示耗尽层空间电荷区的电荷密度最大值。由电荷守恒原理,可得

$$|Q'_{SD}(\max)| = Q'_{mT} + Q'_{ss}$$

其中,$|Q'_{SD}(\max)| = eN_a x_{dT}$。

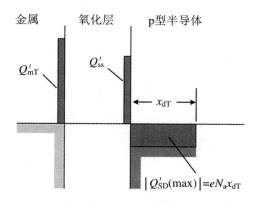

图 4.15　金属-氧化物-p 型半导体器件处于阈值反型点时的电荷分布图

图 4.16 描述了在金属门电极端施加一个正电压时,通过改变氧化层的电压,进而改变半导体端的表面势。此时,该正门电压 V_G 可表示为

$$V_G = \Delta V_{ox} + \Delta \Phi_s = (V_{ox} - V_{ox0}) + (\Phi_s - \Phi_{s0}) = V_{ox} + \Phi_s + \Phi_{ms}$$

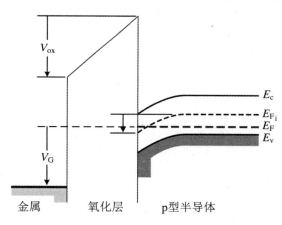

图 4.16　金属-氧化物-p 型半导体器件在正门电压作用下的能带结构图

当处于阈值点时,我们定义 $V_G = V_{TN}$,其中,V_{TN} 是产生反型层电荷的阈值电压。在金属-氧化物-p 型半导体器件中,阈值点表面势 $\Phi_s = 2\Phi_{fp}$,从而可得

$$V_{TN} = V_{oxT} + 2\Phi_{fp} + \Phi_{ms}$$

其中,V_{oxT} 是在阈值反型点穿过氧化层的电压。该电压与金属上电荷及氧化层电容有关:

$$V_{oxT} = \frac{Q'_{mT}}{C_{ox}}$$

其中,C_{ox} 为氧化层电容。结合空间电荷密度最大值公式,可得

$$V_{oxT} = \frac{Q'_{mT}}{C_{ox}} = \frac{1}{C_{ox}} \left[|Q'_{SD}(\max)| - Q'_{ss} \right]$$

最后,阈值电压可写为

$$V_{TN} = \frac{|Q'_{SD}(\max)|}{C_{ox}} - \frac{Q'_{ss}}{C_{ox}} + \Phi_{ms} + 2\Phi_{fp}$$

或者表示为

$$V_{TN} = (|Q'_{SD}(\max)| - Q'_{ss})\left(\frac{t_{ox}}{\varepsilon_{ox}}\right) + \Phi_{ms} + 2\Phi_{fp}$$

这里如果结合平带电压的定义,我们可以获得阈值电压的另外一种表达式:

$$V_{TN} = \frac{|Q'_{SD}(\max)|}{C_{ox}} + V_{FB} + 2\Phi_{fp}$$

由上述公式,我们可以看出对一个给定的半导体材料,其阈值电压与半导体的掺杂、门电极端氧化物层电荷 Q'_{ss} 及门电极端氧化物厚度相关。

4.7 电容-电压特性

金属-氧化物-半导体的电容结构是金属-氧化物-半导体场效应晶体管的核心(图 4.17)。金属-氧化物-半导体器件及界面信息,可以从金属-氧化物-半导体的电容-电压关系即 C-V 曲线上获得。首先讨论金属-氧化物-半导体的理想 C-V 特性,其工作状态一共有 3 种:聚集、耗尽和反型。在金属-绝缘体-半导体体系中,总的电容大小 C_{total} 应该是绝缘层电容 C_{ox} 与半导体空间电荷区电容 C_s 的串联,从而可表示为

$$\frac{1}{C_{total}} = \frac{1}{C_{ox}} + \frac{1}{C_s}$$

即

$$C_{total} = \frac{C_{ox}C_s}{C_{ox} + C_s} = \frac{C_{ox}}{1 + \dfrac{C_{ox}}{C_s}}$$

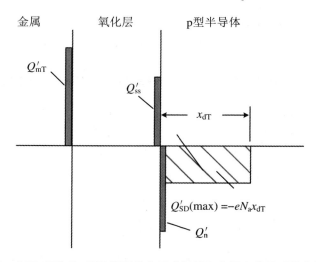

图 4.17 金属-氧化物-半导体器件在形成耗尽层空间电荷区时的电荷分布图

4.8 MOSFET 基本工作原理

金属-氧化物-半导体场效应晶体管的电流之所以存在,是因为反型层以及与氧化层－半导体界面相邻的沟道区中的电荷的流动。一共有 4 种基本的 MOSFET 器件,包括 n 沟道增强型、n 沟道耗尽型、p 沟道增强型和 p 沟道耗尽型,如图 4.18 所示。增强型 MOSFET 的含义是氧化层下面的半导体衬底在门电压为零时不是反型的,只有在 n 沟道增强型器件中施加一个正的门电压或者在 p 沟道增强型器件中施加一个负的门电压,才能产生反型层。这时器件的源区和漏区被反型层的载流子连接起来了,形成了电流通道,载流子从源端流向漏端。而耗尽型 MOSFET 的含义是在门电压为零时,氧化层下面的半导体界面已经存在反型层,并且通过这个反型层,已经把源区和漏区连接起来了。如果需要关闭此类耗尽型器件的电流通道,那就需要施加一个门电压,耗尽其反型层载流子,减少沟道的电导,最终通过非零门电压实现对导电沟道的关闭。

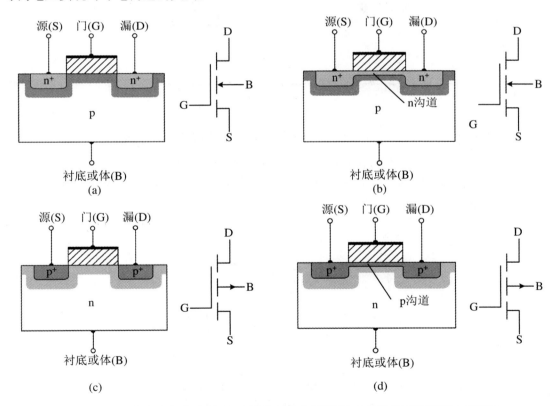

图 4.18 四种基本的金属-氧化物-半导体场效应晶体管(MOSFET)截面图及电路符号

(a) n 沟道增强型;(b) n 沟道耗尽型;(c) p 沟道增强型;(d) p 沟道耗尽型。

下面我们讨论 n 沟道增强型 MOSFET 电流-电压的关系,如图 4.19 所示。当施加一个小于阈值电压的门电压以及一个非常小的源漏电压时(这里源端和衬底接地),如图 4.19(a)所示,n 沟道增强型 MOSFET 中不存在电子反型层。漏电极端到衬底的 pn 结是反偏的,因此漏极端电流为零(忽略 pn 结漏电流)。当在该器件中施加的门电压 $V_{GS} > V_T$ 时,此时产生反型层,这时在漏电极端施加一个小的电压 V_{DS} 时,反型层中的电子将从源端流向正的漏端。注意,这里没有电流从氧化层流向门电极端。对于较小的 V_{DS},沟道具有电阻的特性,有如下表达式:

$$I_D = g_d V_{DS}$$

其中,g_d 为在 V_{DS} 趋近于零时的沟道电导,其表达式为

$$g_d = \frac{W}{L} \cdot \mu_n |Q'_n|$$

其中,μ_n 为反型层中电子的迁移率,$|Q'_n|$ 为单位面积反型层电荷数量。反型层的电荷数量是门电压的函数。因此,MOS 晶体管的基本工作机理为门电压对沟道电导的调制作用。而沟道电导决定漏电流。

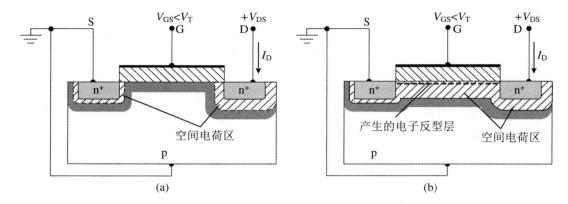

图 4.19 门电压 $V_{GS} < V_T$(a)以及门电压 $V_{GS} > V_T$(b)下的 n 沟道增强型 MOSFET

在较小的 V_{DS} 条件下,I_D-V_{DS} 的特性曲线如图 4.20 所示。当 $V_{GS} < V_T$ 时,漏电流 $I_D = 0$。当 $V_{GS} > V_T$ 时,沟道反型层电荷密度增大,进而增大沟道电导。而 g_d 越大,则图中 I_D-V_{DS} 特性曲线的斜率也越大。

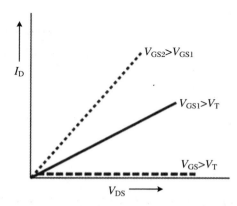

图 4.20 在较小的 V_{DS} 条件下,3 个不同 V_{GS} 值对应的 I_D-V_{DS} 特性曲线

在 $V_{GS} > V_T$ 并且 V_{DS} 较小的情形下,导电沟道中存在一定厚度的反型层。此时沟道电导趋近一个常数,其 I_D-V_{DS} 特性曲线如图 4.21(a)所示,呈现线性规律。此时,我们维持门电压 V_{GS} 数值处于 V_{GS1} 不变,同时开始增加 V_{DS} 的电压数值。当 V_{DS} 大到一定数值时,我们

发现其 I_D-V_{DS} 特性曲线开始出现弯曲,而不是一个线性规律了,如图 4.21(b) 所示。之所以出现非线性规律,是因为 V_{DS} 的增大,导致漏端与氧化层界面处的总压降减小(因为漏端电压 V_{DS} 与门电压在漏端氧化层处的压降符号相反),这时将导致漏端附近的反型层电荷密度减小,那么此时沟道电导将变小,从而导致 I_D-V_{DS} 特性曲线的斜率减小,所以出现了非线性规律。

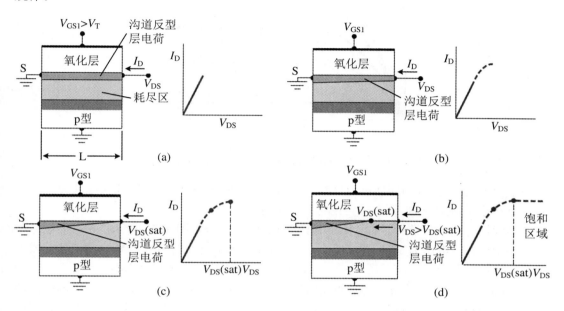

图 4.21　当 V_{GS}＞V_T 并且保持 V_{GS} 门电压数值时,n 沟道增强型
MOSFET 器件在不同 V_{DS} 下的 I_D-V_{DS} 特性曲线

随着 V_{DS} 进一步增大,由于其符号与门电压 V_{GS} 在漏端氧化层界面处的压降符号相反,所以漏端氧化层界面处的总压降为 $|V_{GS}| - |V_{DS}|$。当 V_{DS} 增大到使得 $|V_{GS}| - |V_{DS}| \leqslant V_T$ 时,此时漏端处的反型层电荷密度为零,那么,这意味着漏端处电导为零,即 I_D-V_{DS} 特性曲线的斜率为零,如图 4.21(c) 所示。此时,我们把在漏端处产生零反型层电荷密度的漏端电压标记为 $V_{DS}(sat)$。当 V_{DS}＞$V_{DS}(sat)$ 时,沟道中反型层电荷密度为零的点开始移向源端,如图 4.21(d) 所示。这时,电子在沟道中的导电行为就变成从源端注入的电子开始进入沟道进行导电,并流向漏端。当到达反型层电荷密度为零的位置时,电子被注入空间电荷区,在空间电荷区电场的作用下,漂移到达漏端。如果假设沟道长度的变化 ΔL 相对于初始沟道长度 L 而言很小,在 V_{DS}＞$V_{DS}(sat)$ 这个情形下,漏电流为一个常数,对应于 I_D-V_{DS} 特性曲线的饱和区(图 4.21(d))。这里注意一下,当 V_{DS}＞$V_{DS}(sat)$ 时,即使继续增加 V_{DS} 的数值,但在源端与反型层电荷密度为零的位置之间,它们沟道中的电子数目是一样的,因为从源端注入的电子数目就是电压 $V_{DS}(sat)$ 的作用下注入的数目,而在 V_{DS}＞$V_{DS}(sat)$ 情形中,多余的电压(即 $V_{DS} - V_{DS}(sat)$)仅仅改变了反型层电荷密度为零的位置与漏端之间的电场大小而已,所以我们可以看到在图 4.21(d) 中,在 V_{DS}＞$V_{DS}(sat)$ 情形中,当继续升高 V_{DS} 的数值时,其电流却趋于一个常数了。当然,如果 V_{GS} 发生改变,I_D-V_{DS} 特性曲线也将有所变化。从图 4.22 可以看到,当 V_{GS} 增大时,I_D-V_{DS} 特性曲线的斜率增大。同时也可以看到 $V_{DS}(sat)$ 是 V_{GS} 的函数。

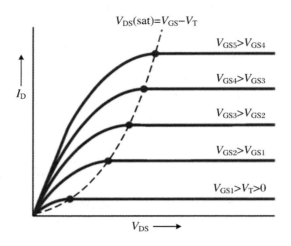

图 4.22　n 沟道增强型 MOSFET 的 I_D-V_{DS} 特性曲线

通过类似的讨论，我们同样可以获得 p 沟道增强型 MOSFET 的 I_D-V_{DS} 特性曲线。这里对于 p 沟道增强型 MOSFET 的讨论将不再进行展开。

下面我们讨论 n 沟道耗尽型 MOSFET 的 I_D-V_{DS} 特性，如图 4.23 所示。n 沟道耗尽型的电子反型层在门电压为零时，就已经存在了，主要是由金属-氧化物-半导体功函数差或者氧化物层界面电荷形成的电子反型层。在调控此类器件的沟道电导时，可以利用一个负的门电压，进而在氧化层与半导体界面处形成耗尽空间电荷区，从而减小电子反型层的厚度即沟道厚度，此时导致沟道电导减小，那么漏电流也将减小。此类器件工作的一个重要条件是，导电沟道的厚度 t_c 必须小于最大空间电荷区的宽度，以便让器件能够正常截止。

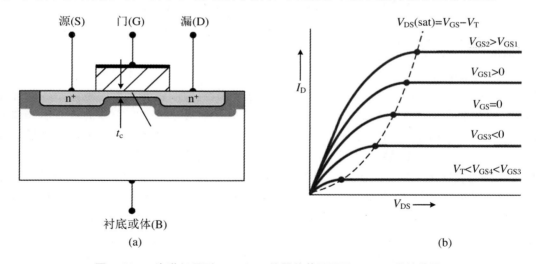

图 4.23　n 沟道耗尽型 MOSFET 的器件截面图及 I_D-V_{DS} 特性曲线

4.9　跨　　导

跨导 g_m 是指相对于门电压的漏电流的变化,它是衡量场效应晶体管放大器增益的重要指标。有时也称跨导为晶体管增益,可表示为

$$g_m = \frac{\partial I_D}{\partial V_{GS}}$$

如果考虑工作在非饱和区的 n 沟道 MOSFET,其工作电流 I_D 可表示为

$$I_D = \frac{W\mu_n C_{ox}}{2L}\big[2(V_{GS} - V_T)V_{DS} - V_{DS}^2\big]$$

此时可得

$$g_m = \frac{\partial I_D}{\partial V_{GS}} = \frac{W\mu_n C_{ox}}{L} \cdot V_{DS}$$

由此可以看出,在非饱和区,跨导随 V_{DS} 呈线性变化,而与 V_{GS} 无关。

当器件工作于饱和区时,其饱和区电流 $I_D(\text{sat})$ 可表示为

$$I_D(\text{sat}) = \frac{W\mu_n C_{ox}}{2L}(V_{GS} - V_T)^2$$

这时,其跨导为

$$g_m = \frac{\partial I_D}{\partial V_{GS}} = \frac{W\mu_n C_{ox}}{L}(V_{GS} - V_T)$$

在饱和区,跨导随 V_{GS} 呈线性变化,而与 V_{DS} 无关。

跨导是器件参数、载流子迁移率和阈值电压的函数。随器件沟道宽度的增加、沟道长度的减小或氧化层厚度的减小,跨导都会增加。在 MOSFET 设计中,晶体管的尺寸,尤其是沟道宽度 W,是一个重要的工程设计参数。

4.10　频率限制特性

MOSFET 的频率限制特性是指在半导体器件中,MOSFET 在工作时存在输入电容和反向恢复时间的限制,从而影响其频率响应和开关频率,具体来说,输入电容会导致输入信号的高频部分短路,限制了放大器的频率响应;反向恢复时间是指 MOSFET 在切换过程中,由于电荷迁移所需的时间,会限制开关速度,从而影响 MOSFET 的开关频率。

4.10.1　小信号等效电路

MOSFET 的小信号等效电路可由基本 MOSFET 结构示意图推导出来。图 4.24 是基于晶体管的寄生电容、电阻模型示意图。为简化起见,假设源和衬底均接地。图中 C_{gs} 和 C_{gd} 表示门电极与源、漏极附近的沟道之间的电容,体现了沟道电荷与门电极的相互作用。

另外两个电容 C_{gsp} 和 C_{gdp} 为交叠电容,是在工艺工程中,门电极氧化层与源、漏电极有重叠而形成的。C_{ds} 表示漏极与衬底间 pn 结电容。r_s、r_d 表示源漏极中的内阻。小信号的沟道电流由通过跨导的门电压控制。

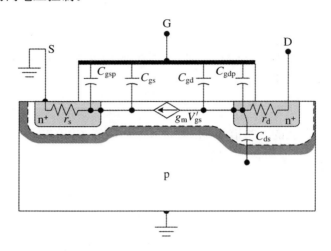

图 4.24　n 沟道 MOSFET 的固有电阻和电容示意图

n 沟道共源 MOSFET 的小信号等效电路如图 4.25 所示。注意,通常门电极也被称为栅极,门电压也被称为栅压。图中 V_{gs} 代表栅源电压;V_{gs}' 代表内部栅源电压,它可以控制沟道的电流。C_{gsT}、C_{gdT} 为总的栅源电容和栅漏电容。其中,r_{ds} 电阻与 I_D-V_{DS} 曲线的斜率有关。

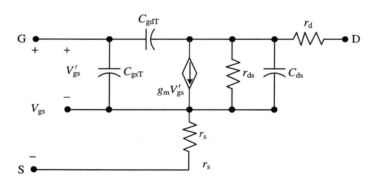

图 4.25　n 沟道共源 MOSFET 的等效电路图

在低频下,可以把电容去掉,从而等效电路可进一步简化为如图 4.26 所示的电路图。其中 r_d、r_s 可忽略,漏电流仅仅是通过跨导的栅源电压的函数,并且输入栅极阻抗无限大。低频下,包含的源极电阻 r_s 对晶体管的特性会有很大的影响。图 4.27 所展示的就是包含 r_s 而忽略 r_{ds} 电阻的简化低频等效电路示意图,其漏电流为 $I_d = g_m V_{gs}'$。此时,V_{gs} 与 V_{gs}' 的关系可表示为

$$V_{gs} = V_{gs}' + (g_m V_{gs}') r_s = (1 + g_m r_s) V_{gs}'$$

那么漏电流 I_d 可表示为

$$I_d = \left(\frac{g_m}{1 + g_m r_s} \right) V_{gs} = g_m' V_{gs}$$

由此可见,漏电流 I_d 减少了有效跨导或晶体管增益。

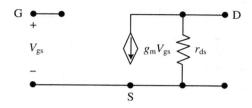

图 4.26　简化的 n 沟道共源 MOSFET 的等效电路图

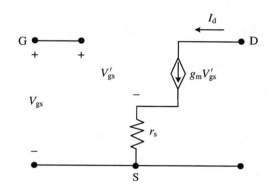

图 4.27　包含 r_s 而忽略 r_{ds} 电阻的简化 n 沟道共源 MOSFET 低频等效电路示意图

4.10.2　频率限制因素与截止频率

MOSFET 有两个基本的频率限制因素。一个是沟道输运时间。假设载流子在其饱和漂移速度 V_{sat} 下移动,那么输运时间为 $\tau_t = \dfrac{L}{V_{sat}}$,$L$ 为沟道长度。沟道输运时间不是影响 MOSFET 频率响应的主要限制因素。另一个限制因素为栅电极或电容充电时间。图 4.28 为忽略 r_s、r_d、r_{ds} 以及 C_{ds} 后得到的等效电路,其中 R_L 为负载电阻。在这个等效电路中,输入栅极阻抗不再是无限大。由栅极节点处电流关系,可得

$$I_i = 2\pi f C_{gsT} V_{gs} + 2\pi f C_{gdT}(V_{gs} - V_d)$$

同理,在漏极节点处,电流关系为

$$\frac{V_d}{R_L} + g_m V_{gs} + 2\pi f C_{gdT}(V_d - V_{gs}) = 0$$

消去 V_d,有

$$I_i = 2\pi f \left[C_{gsT} + C_{gdT}\left(\frac{1 + g_m R_L}{1 + 2\pi f R_L C_{gdT}} \right) \right] V_{gs}$$

通常,$2\pi f R_L C_{gdT} \ll 1$,从而上式简化为

$$I_i = 2\pi f [C_{gsT} + C_{gdT}(1 + g_m R_L)] V_{gs}$$

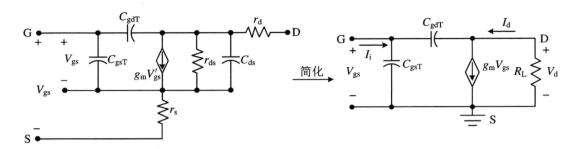

图 4.28　n 沟道共源 MOSFET 的高频小信号等效电路示意图

图 4.29 展示了等效输入阻抗的小信号等效电路。其中，C_M 称为密勒电容,可表示为

$$C_M = C_{gdT}(1 + g_m R_L)$$

当器件在饱和区工作时,C_{gd} 变为零,而 C_{gdp} 为常数。这个寄生电容由于晶体管增益而翻倍,从而成为影响输入阻抗的重要因素。

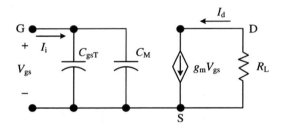

图 4.29　等效输入阻抗的小信号等效电路

截止频率 f_T 指的是器件电流增益为 1 时的频率。由图 4.29 可以看出,输入电流为

$$I_i = 2\pi f(C_{gsT} + C_M) V_{gs}$$

负载电流为

$$I_d = g_m V_{gs}$$

从而电流增益可表示为

$$\left| \frac{I_d}{I_i} \right| = \frac{g_m}{2\pi f(C_{gsT} + C_M)}$$

当电流增益为 1 时,频率 f_T 为

$$f_T = \frac{g_m}{2\pi(C_{gsT} + C_M)} = \frac{g_m}{2\pi C_G}$$

其中,C_G 表示等效输入栅极电容。

在一个理想的 MOSFET 中,交叠电容或者寄生电容 C_{gsp} 和 C_{gdp} 都为零。当晶体管在饱和区工作时,C_{gd} 接近于零,$C_{gs} \approx C_{ox} WL$。在饱和区工作的理想 MOSFET 的跨导公式为

$$g_m = \frac{\partial I_D}{\partial V_{GS}} = \frac{W\mu_n C_{ox}}{L}(V_{GS} - V_T)$$

因此,这时我们可以得到理想情况下的截止频率 f_T 为

$$f_T = \frac{g_m}{2\pi C_G} = \frac{\dfrac{W\mu_n C_{ox}}{L}(V_{GS} - V_T)}{2\pi C_{ox} WL} = \frac{\mu_n(V_{GS} - V_T)}{2\pi L^2}$$

4.11 亚阈值电导

　　亚阈值电导主要指当 $V_{GS} \leqslant V_T$ 时,漏极电流不为零,如图 4.30 所示。从曲线图可以看到,黑色实线与横轴相交点即为理想条件下的阈值电压 V_T。理想情况下,当 $V_{GS} > V_T$ 时,器件开启,出现电流;当 $V_{GS} < V_T$ 时,电流完全为零,器件关闭。但是,在实际的器件工作过程中,当门电压在阈值电压值附近,但是仍然小于阈值电压 V_T 时,从实验曲线可以看到,这时器件中已经出现电流了,器件并不处于关闭状态,这时的电流称为亚阈值电流。通常我们把 $\Phi_{fp} < \Phi_s < 2\Phi_{fp}$ 时的情形称为弱反型状态,此时沟道是存在着导通的。亚阈值电流可以造成很大的功耗,因此电路设计必须考虑到亚阈值电流的影响,或者保证 MOSFET 被偏置在足够低的阈值电压,从而使器件处于关闭状态。

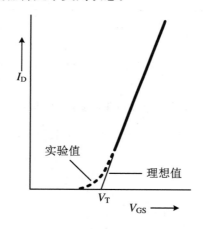

图 4.30　理想与实验的 I_D-V_{GS} 特性曲线

4.12 沟道长度的调制

　　我们在推导理想电流-电压关系时曾假设沟道长度 L 为常数,然而当 MOSFET 偏置电压在饱和区时,漏端的耗尽区横向延伸而进入沟道,从而减小了有效沟道长度。因为耗尽区宽度与偏置电压有关,所以有效沟道长度也与偏置电压有关,且受漏-源电压调制(图 4.31)。

　　零偏压时,耗尽层宽度延伸至 pn 结的 p 区中的现象可表示为

$$x_p = \sqrt{\frac{2\varepsilon_s \Phi_{fp}}{eN_a}}$$

对于单边 n^+p 结,施加的全部偏压都落在低掺杂的 p 区上,漏-衬底结的空间电荷宽度约为

$$x_p = \sqrt{\frac{2\varepsilon_s}{eN_a}(\Phi_{fp} + V_{DS})}$$

然而图 4.31 中 $\Phi\Delta L$ 的空间电荷区直到 $V_{DS} > V_{DS}(\mathrm{sat})$ 时,才开始形成。此时 ΔL 可写成:

总空间电荷宽度减去 $V_{DS} = V_{DS}(sat)$ 时的空间电荷密度,即

$$\Delta L = \sqrt{\frac{2\varepsilon_s}{eN_a}} \left[\sqrt{\Phi_{fp} + V_{DS}(sat) + \Delta V_{DS}} - \sqrt{\Phi_{fp} + V_{DS}(sat)} \right]$$

其中,

$$\Delta V_{DS} = V_{DS} - V_{DS}(sat)$$

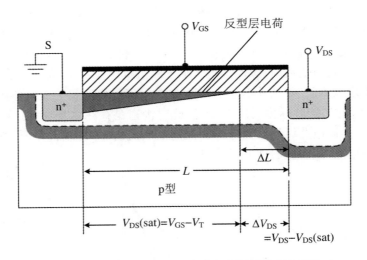

图 4.31　n 沟道 MOSFET 沟道长度调制效应示意图

如图 4.32 所示,结合一维泊松方程,其中反型层电荷夹断点处的横向电场标记为 E_{sat},此时可有

$$\frac{dE}{dx} = \frac{\rho(x)}{\varepsilon_s}$$

其中,$\rho(x) = -eN_a$,积分上式,得到电场 E 为

$$E = -\frac{eN_a x}{\varepsilon_s} - E_{sat}$$

空间电荷区电势为

$$\Phi(x) = -\int E dx = \frac{eN_a^2 x}{2\varepsilon_s} + E_{sat} x + C_1$$

C_1 是积分常数,该方程的边界条件为 $\Phi(x=0) = V_{DS}(sat)$ 且 $\Phi(x=\Delta L) = V_{DS}$。将边界条件代入上述方程,有

$$V_{DS} = \frac{eN_a (\Delta L)^2}{2\varepsilon_s} + E_{sat}(\Delta L) + V_{DS}(sat)$$

此时,可解出 ΔL 为

$$\Delta L = \sqrt{\frac{2\varepsilon_s}{eN_a}} \left\{ \sqrt{\Phi_{sat} + \left[V_{DS} - V_{DS}(sat) \right]} - \sqrt{\Phi_{sat}} \right\}$$

其中,$\Phi_{sat} = \frac{2\varepsilon_s}{eN_a} \cdot \left(\frac{E_{sat}}{2} \right)^2$。

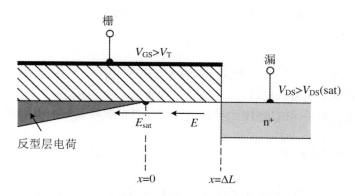

图 4.32　沟道长度调制下的 MOSFET 截面图

因为漏电流反比于沟道长度，所以可以写出

$$I'_D = \left(\frac{L}{L-\Delta L}\right) I_D$$

其中，I'_D 为实际漏电流，而 I_D 为理想漏电流。由于 ΔL 是 V_{DS} 的函数，因此现在 I'_D 也成了 V_{DS} 的函数，输出阻抗不再是无限的，饱和区的漏电流可表示为

$$I'_D = \frac{k'_n}{2} \cdot \frac{W}{L} \cdot \left[(V_{GS} - V_T)^2 (1 + \lambda V_{DS})\right]$$

其中，λ 是沟道参数调制系数。输出电阻为

$$r_0 = \left(\frac{\partial I'_D}{\partial V_{DS}}\right)^{-1} = \left[\frac{k'_n}{2} \cdot \frac{W}{L} \cdot (V_{GS} - V_T)^2 \cdot \lambda\right]^{-1}$$

通常 λ 比较小，所以上式可写为 $r_0 \approx \frac{1}{\lambda I_D}$。

随着 MOSFET 尺寸的缩小，沟道长度 ΔL 的改变与原始长度 L 比起来将占很大一部分，这时沟道长度调制效应将更加显著，因此在实际器件应用中，需要考虑到这一效应。

4.13　迁移率变化及速度饱和

4.13.1　迁移率变化

迁移率的定义是

$$\mu = \frac{V}{\xi}$$

其中，ξ 表示电场；V 表示电子在电场 ξ 作用下获得的速度。在低电场下，迁移率是常数。然而在高电场下，由于速度趋于饱和 V_s，迁移率将不再是常数。随着电场的进一步增大，其载流子有效迁移率出现减小的趋势。在 n 沟道的器件中，有效横向电场为

$$\xi_{eff} = \frac{1}{\varepsilon_s}\left[|Q'_{SD}(\max)| + \frac{1}{2}Q'_n\right]$$

其中，Q'_{SD} 表示耗尽层电荷；Q'_n 表示反型层电荷。此时该器件的迁移率 μ_{eff} 只是反型层电场

的函数,即横向电场的函数,与氧化层厚度无关,可表示为

$$\mu_{\text{eff}} = \mu_0 \left(\frac{\xi_{\text{eff}}}{\xi_0} \right)^{-\frac{1}{3}}$$

其中,μ_0 是低场下的迁移率,为常数。在横向电场 ξ_{eff} 的作用下,n 沟道的器件中的电子穿过通道,即通过漂移运动流向漏极,在传输过程中常受到库仑作用,从而降低其迁移率大小。与此同时,电子还受到晶格散射作用,导致迁移率强烈依赖于温度。温度越高,迁移率越小。

4.13.2 速度饱和

在长沟道 MOSFET 器件中,我们假设迁移率为常数,这意味着随着电场的增大,载流子的漂移速度将无限增加。实际上,增大电场时,载流子速度会出现饱和。尤其在短沟道器件中,横向电场很大,速度极容易达到饱和。理想情况下,当反型层电荷密度在漏极端为零时,发生电流饱和,对 n 沟道 MOSFET 而言,达饱和电流的条件为

$$V_{\text{DS}} = V_{\text{DS}}(\text{sat}) = V_{\text{GS}} - V_{\text{T}}$$

但是,速度饱和会改变这一情况。从而饱和电流会被修正,修正后的饱和电流应该小于理想情况下的饱和电流:

$$I_{\text{D}}(\text{sat}) = WC_{\text{ox}}(V_{\text{GS}} - V_{\text{T}})v_{\text{sat}}$$

在速度饱和情形下,跨导由下式给出:

$$g_{\text{ms}} = \frac{\partial I_{\text{D}}(\text{sat})}{\partial V_{\text{GS}}} = WC_{\text{ox}}v_{\text{sat}}$$

由此可以看出,当速度饱和时,导致漏极电流饱和,从而导致跨导为一常数。

载流子的漂移速度是碰撞平均时间或者散射间平均距离的函数。在长沟道 MOSFET 器件中,沟道长度远大于碰撞平均距离,因此存在载流子的平均漂移速度。但是随着沟道长度变小,沟道长度逐渐与碰撞平均距离相近,这时之前的讨论不再适用。当沟道长度小于碰撞的平均距离时,那么就有一定的载流子不经过散射,直接从源端输运到漏端,从而出现非常高的电子迁移率和低的漂移阻力,这就叫作弹道输运。由于弹道输运的存在,当器件尺寸缩小到与载流子自由程相当时,就会出现一些新的器件特性,例如高电流密度、高频率响应和低噪声等特性。弹道输运可以在亚微米沟道长度的器件中发生。

随着沟道长度的减小,源结和漏结的耗尽层宽度变得可与沟道长度相比拟时,这种情形称为穿通。穿通的结果是在源和漏之间产生很大的电流。此电流是漏极偏压 V_{DS} 的函数。要避免穿通情况出现的话,就要求更高的沟道掺杂,使得耗尽层宽度变小,但是沟道掺杂的提高,导致了阈值电压的增加:

$$V_{\text{T}} = \frac{|Q'_{\text{SD}}(\text{max})|}{C_{\text{ox}}} - \frac{Q'_{\text{ss}}}{C_{\text{ox}}} + \Phi_{\text{ms}} + 2\Phi_{\text{fp}}$$

其中,$|Q'_{\text{SD}}(\text{max})| = eN_{\text{a}}x_{\text{dT}}$;$C_{\text{ox}} = \frac{\varepsilon_{\text{s}}A}{d}$。为了降低阈值电压,就需要更薄的氧化物层,使得氧化物层电容增大,以达到降低阈值电压的效果。由此可见,器件参数间是相互关联的。在缩小器件尺寸时,各个方面都需要考虑到。

4.14　弹　道　输　运

在半导体器件中,借助电子的运动来传输器件信号时,当然希望电子的运动速度在传输过程中不要受到干扰。但实际上电子在材料中运动传输时,会受到不同类型的散射,例如离化离子的散射、电子与电子之间的散射,以及电子与晶格之间的散射等,这些散射或多或少都会影响到电子的运动速度。通常用电子平均自由程来描述电子在半导体材料中的运动,这是一个基本的材料物理学参数,它决定了材料的载流子迁移率和器件的性能。电子平均自由程是指在材料中,一个电子在和材料原子或离子碰撞之前,能够自由运动的平均距离。其数值与材料的晶体结构、载流子浓度、温度等因素有关。一般来说,电子平均自由程越大,材料的导电性能越好。

现在设想半导体器件的导电通道的长度与电子的平均自由程相当,那么杂质散射就可以忽略,只有器件通道的边界散射限制电流的大小,这样的电子输运过程就叫作弹道输运。按照朗道理论可得电子弹道传输的公式为

$$\sigma = \left(\frac{e^2}{h}\right)T$$

其中,e 为电荷量;h 为普朗克常数;T 为透射率(也称为传输概率);σ 为电子的电导率。弹道输运的研究主要在高迁移率半导体异质结二维电子气系统中进行,例如 GaAs/AlGaAs 半导体体系。一方面,由于电子的平均自由程在这些体系中很长,可超过 $10~\mu m$,这样就很容易让制备的半导体器件导电通道与电子平均自由程大小相当。另一方面,由于电子密度低,费米电子波长较长,约 $40~nm$,比金属大两个数量级,这样如果利用尺寸限制效应,易于实现横向限定宽度,留下一窄的电子通道,降低体系的维度,最终使得电子只能在一维方向运动,这种通道结构被称为电子波导。注意,这里之所以说电子的运动是一维的,是因为电子的费米波长约为 $40~nm$,如果把横向通道的宽度调整为大约 $40~nm$,那就意味着上述二维电子气的能带可分裂成一系列子能带,而且电子就有可能只在那些单一子能带上运动,即出现一维方向的运动。而在金属材料中,由于其费米波长约为 $0.5~nm$,要想在金属材料中实现电子一维运动,就需要把导电通道调整为 $0.5~nm$ 的宽度,这对现有的微纳加工是不现实的。

当在半导体器件中构建了一维弹道输运的电子波导结构后,它还可以通过施加栅压,实现对电子密度以及通道宽度连续可调,如图 4.33 所示。

这里对通道宽度的连续可调,主要是利用栅压加载到 AlGaAs 层或肖特基势垒接触的金属分裂栅上时,由于静电作用,门电极正下方的二维电子气中的电子可以被耗尽,最后仅仅留下深色区域被限制的电子气通道。改变栅门电压的大小,可以实现电子气通道宽窄和电子密度的连续可调。

在电子波导中,尽管横向尺寸小于电子平均自由程,但是由于波导较长,电子仍可能受到杂质的弹性散射等影响,进而使得问题复杂化。如果把二维电子气中的长度通道变短,进而形成短而窄的收缩区,即通道长度与其宽度尺寸接近,而且均小于电子受杂质散射的平均自由程,那么这时的输运过程完全是弹道的,这时的结构也被称为量子点接触,该系统的电

导呈现量子化现象,例如其电导率以 $\dfrac{e^2}{h}$ 的倍数变化,这里的最小变化值 $\dfrac{e^2}{h}$ 称为电导量子,如图 4.34 所示。

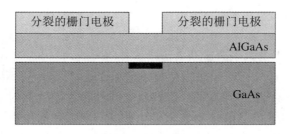

图 4.33　分裂栅调控二维电子气示意图
深色区域为门电压限制后的二维电子气通道。

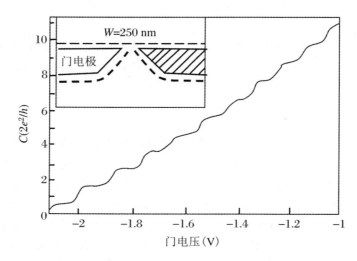

图 4.34　点接触器件电导随门电压的变化 $\left(\text{以 } \dfrac{e^2}{h} \text{ 为单位,呈现量子化}\right)$

4.15　单电子晶体管

　　单电子晶体管是一种基于量子效应的器件,利用电子的离散能级和隧穿效应实现电流的控制和传输。单电子晶体管的结构类似于传统的晶体管,由源极、漏极和栅极构成。不同的是,单电子晶体管的栅极是一个金属岛,它通过量子隧穿效应控制源极和漏极之间的电流。当栅极施加一定的电压时,电子会通过量子隧穿效应穿越栅极和漏极之间的势垒,从而形成电流。由于电子的离散能级和隧穿效应的影响,单电子晶体管的电流可以精确地控制和测量,具有极高的精度和稳定性。单电子晶体管在量子计算、量子测量和精密测量等领域有广泛的应用,是量子电子学研究的重要内容之一。同时,单电子晶体管也是探索新型量子器件和量子计算的热点领域,对于未来计算机科学和技术的发展具有重要意义。

　　通常单电子晶体管中的金属岛是一个在 X、Y、Z 三个方向上受到势垒限制的纳米结构,从而使得其内部电子系统在这三个方向上受到了限制。此时,该金属岛具有分立的电荷态和电子态,这就是我们说的量子点。量子点中能带结构呈现分立能级主要有两个原因:一个是电子的波动性;另一个是电子之间的排斥力。由于势垒的限制就像弦的两端被固定,电子只能像驻波那样容许离散型的振动,即容许的能量(频率)具有量子化的分立值。量子点的尺寸越小,这样的能级分立间隔就越大,这就是常说的量子尺寸效应。如果在一个有电子封闭的量子点中追加电子(注意此时量子点基态的有效电子填充态就一个),由于存在电子之间的库仑排斥作用,那么追加的电子如果没有足够高的能量,该电子就不能进入这个量子点,除非量子点上原来的电子离开。这样有限的能量差形成一组分立的电荷态,每个相继的电荷态相当于一个电子添加到量子点中。在单电子晶体管中,由于电子之间库仑排斥的静电势能使得其金属岛(或量子点)上电荷的改变十分困难,以至于只有施加足够高的电压,才能改变金属岛(或量子点)的电荷,进而产生电流流动,这个现象叫作库仑阻塞效应。在这种情况下,传统的欧姆定律不再适用,电流密度不再随电压线性增长。相反,电流会因为库仑阻塞而出现明显的非线性特性。利用库仑阻塞效应,可以一个一个地控制电子,进而实现单电子器件的功能,它是超低功耗的器件。通常的晶体管需要 10 万个电子流动,而单电子晶体管只需一个电子就够了。

下面我们讨论单电子晶体管的工作原理。如图 4.35(a)所示,器件结构如下:其沟道为量子点(电荷岛),它与器件的源、漏两个电极(电子库)之间以隧道方式接触,并与栅极通过

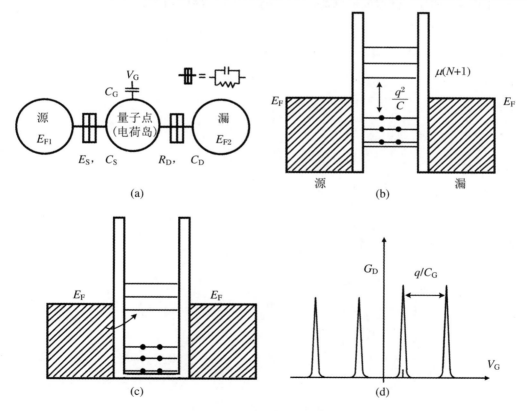

图 4.35　单电子晶体管原理图

电容耦合。图 4.35(b)表示源和漏的费米能级落在量子点的能隙内。图中 $\frac{q^2}{C}$ 表示当岛上添加一个电子时,需要有足够的能量 ΔE,来填充下一个单粒子态,这个 ΔE 就等于 $\frac{q^2}{C}$,也就是第 N 和第 $N+1$ 电荷态之间的电化学势差。由于源和漏的费米能级落在量子点的能隙内,所以这时不能把第 $N+1$ 的电子添加到量子点中,电子输运是禁止的,这就是库仑阻塞效应。因为源、漏费米能级处于量子点的能隙内,所以从源、漏传输的电子在量子点中没有对应的电子态可填充,因为处于能隙里。所以要让第 $N+1$ 的电子添加到量子点内,就必须通过栅压来改变,如图 4.35(c)所示,这时由于栅压调控,源、漏的费米能级与量子点的第 $N+1$ 能级处在同一水平线,从而电子可以从源端输出,进入量子点(这时有可被填充的电子态),最后从漏端输出,形成电流流动。图 4.35(d)展示的是反复的第 $N+1$ 能级变成第 $N+2$ 能级(第 $N+1$ 能级与第 $N+2$ 能级之间是没有电子填充态的),以此类推,最后得到电导 G_D 随栅压 V_G 而振荡,这种振荡被称为库仑振荡。

库仑振荡是电荷量子化的一个重要结果。只有出现了库仑振荡的器件,才被称为单电子晶体管。因为当量子点的占据态变化一个电子时,它会产生周期性的开关效应。单电子晶体管最有希望也是最有前途的一个应用是超大容量的存储器。为了降低功耗,增大存储量,其有效方法是减小每个存储单元中的电荷量。而单电子晶体管存储信息只需一个电子,所以它将是超大容量存储器的最好选择,而且还可以在室温下工作。

第 5 章　双极晶体管

晶体管是一种与其他电路元件结合使用时可产生电流增益、电压增益和信号功率增益的多结半导体器件。因此,晶体管被称为有源器件,而二极管被称为无源器件。双极晶体管(bipolar junction transistor,简称 BJT)是一种三端电子器件,由两个 pn 结组成,具有放大、开关和稳压等功能,是电子电路中常用的器件之一。它由三个区域组成:发射区、基区和集电区。其中,发射区和集电区是两个 n 型或 p 型半导体,基区是一个夹在它们中间的 p 型半导体,形成了两个 pn 结。当 BJT 正向偏置时,发射区和基区之间的 pn 结处电流不断注入,这些载流子在基区中运动,进而被集电区的 pn 结收集,从而实现了放大和开关功能。双极晶体管具有高增益、低噪声、高速度和高温稳定性等优点,被广泛应用于放大器、振荡器、开关和稳压器等电路中。

5.1　双极晶体管的工作原理

双极晶体管结构由两个 pn 结构成,有三个不同掺杂浓度的扩散区和两个空间电荷区。双极晶体管结构包括 npn 型 pnp 型,如图 5.1 所示。其中,"＋＋"号和"＋"号分别表示双极晶体管不同区域的非常重的掺杂和中等程度掺杂;而没有上述符号标记的区域,则表示该区域掺杂浓度相对较低。由图示可知,双极晶体管存在三端接口,分别是发射极、基极和集电极。而且可以看到无论是 npn 型还是 pnp 型双极晶体管,发射极区域的掺杂浓度最高,其次是基极区域,集电极区域的掺杂浓度最低。双极晶体管不是对称的器件。为了获得性能较高的双极晶体管,我们需要采用这种杂质浓度相对较低窄基区的结构。发射区、基区和集电区的典型掺杂浓度分别为 10^{19} cm^{-3}、10^{17} cm^{-3} 和 10^{15} cm^{-3}。

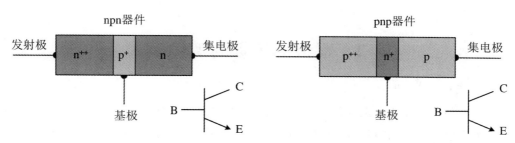

图 5.1　npn 型和 pnp 型双极晶体管结构及电路符号

现在我们用 npn 型双极晶体管来讨论双极晶体管的工作原理,如图 5.2 所示。在通常情况下,E-B 是正偏的,此时该处的 pn 结具有注入作用,该 pn 结称为发射结,即发射区的电子通过扩散运动,穿过 pn 结,进入基区。而同时 B-C 反偏,此时该处 pn 结具有收集作用,该 pn 结称为集电结,即意味着由发射结注入的电子到达基区后,通过扩散运动,到达集电结的空间电荷区边界。由于集电结空间电荷区的电场是由集电结区指向基区方向,因此扩散到基区的电子最后被反向偏置的集电结通过漂移运动到达集电区。这种情况被称为 npn 型双极晶体管正向有源模式,发射结正偏。由此我们可以看出,在 npn 型双极晶体管中,基区的宽度应该足够窄(其宽度应该与载流子的扩散长度相当,甚至更小),这样才能保证从发射区注入基区的电子,在基区扩散的过程中不会与基区中多数载流子空穴发生显著的复合,否则由发射结注入的电子就不能扩散到反向偏置的集电结空间电荷区边界,因而也就对反向电流没有贡献了。所以在实际器件应用中,需要基区的宽度很窄。

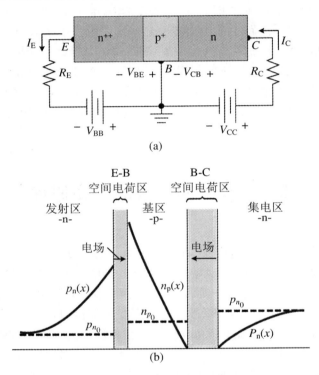

图 5.2　npn 双极晶体管示意图

5.2　双极晶体管的工作模式

对于一个 npn 晶体管来说,从集电区流出的电流为 I_C,流入发射区的电流为 I_E。对于一个性能良好的 npn 晶体管,发射区电流 I_E 几乎全部由发射区注入基区的电子电流形成,集电区电流 I_C 几乎等于发射区电流,而基极电流 I_B 是很小的(注意这里 I_B 是基极电流而不是基区电流),如图 5.3 所示。尽管基极电流 I_B 很小,但它不会为零。首先因为即使基区的宽度远小于电子的扩散长度,但仍然有一部分电子在基区内与空穴发生了复合,此时由于这个复合效应而失去的空穴则必须由基极电流 I_B 来补充,即必有一股正电荷流入基极作为补充,标记为 I_{Bb}。其次,即使发射区掺杂浓度比基区掺杂浓度高很多,仍有少量的空穴从基区注入了发射区(因为发射结为正偏),这些被注入发射区的空穴也必须由基极电流来补充,标记为 I_{Ba}。另外,反偏集电结空间电荷耗尽区附近热产生的空穴被电场扫向基区,它们形成一股电流贡献到集电极电流 I_C 中。这股电流虽然小,但是向基区提供了空穴,所以从效果上看,它们是使得基极电流 I_B 减小的,这是正面的效果。从以上分析可以看出,基极电流 I_B 主要由基区的复合电流和向发射区注入的电流构成。那么通过适当地设计,这两股电流都可以很小,因而可以使得 I_B 很小。通常 I_B/I_E 很小,典型值为 0.01 左右。由上述讨论可以看出,集电极电流由基极和发射极之间的电压控制,即器件一端的电流由加到另外两端的电压控制,这就是双极晶体管的工作原理。

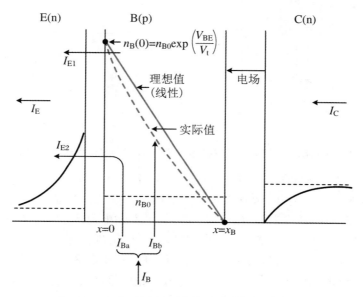

图 5.3 npn 双极晶体管电流分布示意图

上述分析的是 npn 双极晶体管的工作原理,对于一个 pnp 双极晶体管来说,把电子和空穴的作用互换,便可同样用上述方法分析其工作原理,这里不再论述。

双极晶体管一共可以有四种工作模式。例如,在一个 npn 双极晶体管中,如图 5.4 所示,如果 E-B 电压为零或反偏($V_{EB} \leqslant 0$),那么发射区的多子就不会注入基区。如果 C-B 结也是反偏的,那么发射极电流和集电极电流为零,称为截止状态——所有的电流均为零。如果 E-B 结变为正偏后,发射极电流就产生了,电子注入基区,产生集电极电流。如果 V_{CC} 足够大,而 V_R 足够小,那么 $V_{CB}>0$,意味着 C-B 结反偏。这就是工作在正向有源模式,可表示为

$$V_{CC} = I_C R_C + V_{CB} + V_{BE} = V_R + V_{CE}$$

随着 E-B 结正偏电压的增大,集电极电流会增大,从而 V_R 也会增大。V_R 的增大,意味着反偏电压 V_{CB} 的降低。在某一处,集电极电流会增大到足够大,而使得 V_R 和 V_{CB} 的组合在 C-B 结处于零偏。过了这一点,集电极电流的微小增加会导致 V_R 的微小增加,从而使得 C-B 结变为正偏状态。这种情况称为饱和模式。在这个饱和工作模式下,E-B 和 C-B 结都是正偏,集电极电流不再受 E-B 结电压控制。当 E-B 结是反偏而 C-B 结是正偏时,此时称为反向有源工作模式。可以看出,发射极和集电极的角色颠倒翻转过来了。由于双极晶体

管是发射区、基区、集电区掺杂浓度不一样的非对称结构器件,因此反向有源和正向有源工作模式是不一样的。

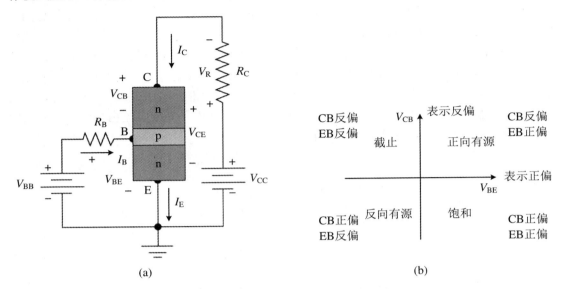

(a)　　　　　　　　　　　　　　(b)

图 5.4　共发射极电路中的 npn 型双极晶体管(a)及四种工作模式下的结电压条件(b)

当 npn 晶体管处于截止区工作模式时(图 5.5),E-B 和 C-B 结均为反向偏置,于是每个空间电荷区边界少子浓度为零,所以所有少子被扫出了基区。当晶体管处于饱和区工作模式时(图 5.6),E-B 和 C-B 均为正向偏置,因此,每个空间电荷区边界存在过剩少子,既然集电极电流存在,那么基区中少子仍然存在浓度梯度。当晶体管处于反向有源区工作模式时(图 5.7),这时 C-B 结正向偏置,E-B 结反向偏置,电子从集电区注入基区,与正向有源区相比,基区少子电子浓度梯度方向相反,所以发射极和集电极电流改变了方向。一般 C-B 结面积比 E-B 结面积大得多(因为发射区掺杂浓度最高),因此,不是所有电子都能被发射极收集。由于晶体管是非几何对称的,在正向和反向有源工作模式下,其特性会有很大不同。

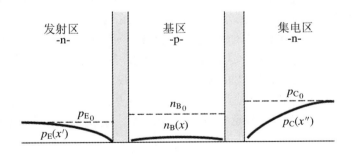

图 5.5　npn 晶体管截止区工作示意图

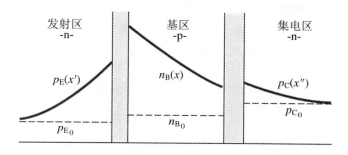

图 5.6　npn 晶体管饱和区工作示意图

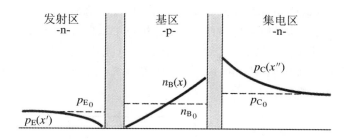

图 5.7　npn 晶体管反向有源区工作示意图

5.3　双极晶体管的放大作用

在讨论双极晶体管的放大作用时，为简单起见，暂不考虑空间电荷区的产生-复合等二级效应。通常在一个 npn 双极晶体管中，发射极的电流 I_E 由两种电流分量构成：一个是从发射区注入基区的电子形成的电流 I_{E1}；另一个是由于 E-B 正偏，基区中的多子空穴越过 E-B 结注入发射区形成的电流 I_{E2}。注意电流 I_{E2} 不是集电极电流的组成部分，它只是正偏 E-B 结电流。这里，集电极的电流 I_C 应与发射极的电流 I_{E1} 成正比：$B = I_C / I_{E1}$；其中，B 称为基区输运因子，它表示到达集电区的电子数量与注入基区的电子数量之比。B 数值大小与电子在基区内的复合有关。这里我们定义发射极注入效率 γ 为

$$\gamma = \frac{I_{E1}}{I_E} = \frac{I_{E1}}{I_{E1} + I_{E2}}$$

通常我们希望 γ 接近于 1（$\gamma \approx 1$），即发射极电流几乎全部由注入基区的电子构成，且注入基区的电子几乎全部能够到达集电极。集电极的电流 I_C 与发射极的电流 I_E 的比值 α，称为共基极电流增益（或者电流传输系数），可表示为

$$\alpha = \frac{I_C}{I_E} = \frac{BI_{E1}}{I_{E1} + I_{E2}} = B\gamma$$

根据上式，共基极电流增益 α 应小于 1，说明从发射极到集电极的电流没有得到真正的放大。但是如果分析一下集电极电流 I_C 与基极电流 I_B 之比，就发现有很大不同。

在 npn 双极晶体管中，基极电流 I_B 包括两部分：一部分是因 E-B 正偏而形成的结电流 I_{E2}，它是基极电流的一部分，记为 I_{Ba}；另一部分来自基区中电子与多子空穴的复合，从而导

致部分多子空穴消失,所以必须有一股正电荷流入基极作为补给,这个电流记为 I_{Bb}。根据基区输运因子 B 的定义,它等于未在基区发生复合并到达集电区的电子数占注入基区的电子总数的比例。在基区与多数空穴发生复合的电子数占注入电子总数的比例应该是 $1-B$。因此基极电流可表示为

$$I_B = I_{Ba} + I_{Bb} = I_{E2} + (1-B)I_{E1}$$

结合上述表达式,我们可以得到集电极电流 I_C 和基极电流 I_B 之比为

$$\frac{I_C}{I_B} = \frac{BI_{E1}}{I_{E2} + (1-B)I_{E1}} = \frac{B\left[\dfrac{I_{E1}}{(I_{E1}+I_{E2})}\right]}{1 - B\left[\dfrac{I_{E1}}{(I_{E1}+I_{E2})}\right]} = \frac{B\gamma}{1-B\gamma} = \frac{\alpha}{1-\alpha} = \beta$$

由此,参数 β 称为共发射极电流增益(或者基极-集电极电流放大因子)。考虑到 α 近似为 1,可知 β 的值可以很大,这说明集电极的电流 I_C 相对于基极电流 I_B 来说是放大了!

双极晶体管与其他元件相连,可实现电压放大和电流放大。图 5.8 给出了双极晶体管的共发射极接法。直流电压源 V_{BB} 和 V_{CC} 把晶体管偏置在正向有源区。电压源 V_i 代表一个需要放大的时变输入电压。

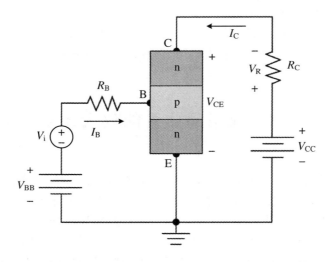

图 5.8   包含一个时变信号电压 V_i 的共发射极 npn 双极晶体管电路

图 5.9 显示了电路中各个电压和电流(假定 V_i 是正弦电压)。正弦电压 V_i 会产生一个附加在基极静态电流上的正弦电流。这里的双极晶体管是共发射极的电路,因此 $I_C = \beta I_B$,那么在静态集电极电流上就附加产生了一个相对较大的集电极电流。时变的集电极电流导致在电阻 R_C 上产生随时间变化的电压,根据基尔霍夫定律,在双极晶体管的集电极和发射极之间存在一个附加在直流电压上的正弦电压。在电路中,集电极和发射极部分的正弦电压要比输入信号电压大,所以该电路对时变信号有电压增益,从而称该电路为电压放大器。

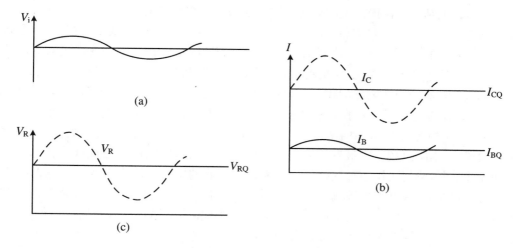

图 5.9　电路中的电压和电流

（a）输入的正弦信号电压；（b）附加在直流电流上的正弦电流；（c）附加在直流电压上的 R_C 的正弦电压。

5.4　双极晶体管两种击穿机制

　　双极晶体管中有两种击穿机制，其中一种叫作穿通，如图 5.10 所示。随着 C-B 反向偏置电压的增加，C-B 结的空间电荷区变宽，并且扩展到中性基区中。在足够大的 C-B 反向偏置电压下，C-B 结的空间电荷耗尽区很可能会贯通整个基区，这种效应被称为穿通。图 5.10 中，C-B 施加的反偏电压为 V_{R_1} 时，器件未出现穿通；但是当反偏电压变为 V_{R_2} 时，出现穿通效应。一旦穿通，发射区的电子将被耗尽区的电场直接扫向集电区，就不存在通过基极电压调控集电极电流的功能了，晶体管的作用将不复存在。

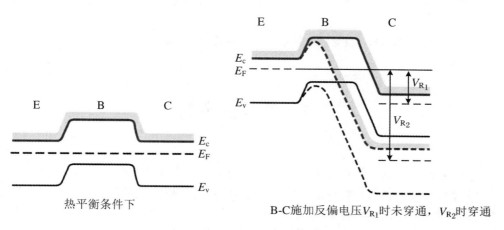

图 5.10　npn 双极晶体管穿通效应示意图

　　对大多数晶体管来说，在基区穿通之前，集电结首先发生雪崩击穿效应，如图 5.11 所示。在 C-B 结反偏，发射极开路情形下的 npn 晶体管，I_{CBO} 是反偏电流。发生雪崩击穿的原因可归结为集电结耗尽区内发生的载流子雪崩倍增。该雪崩倍增产生的原因是从发射区注入基区的电子,在进入 C-B 结耗尽区边界时,尽管 C-B 结反偏电压远低于击穿值,但是这些到达 C-B 结耗尽区边界的电子,在进入 C-B 结耗尽区后,总是有电子会获得足够大的能量来碰撞半导体原子并使其离化,从而产生额外的电子和空穴。于是一个载流子变成了三个载流子。这三个载流子在电场的作用下,向相反方向运动,还会继续发生碰撞,如此继续下去,进而在 C-B 结耗尽区产生了大量的电子-空穴对,其中的电子被集电结的电场扫向集电区(pn 结电场),而空穴则被扫向基区。基区中额外的空穴导致多数载流子失去平衡,这一失衡必须消除,消除过剩空穴最有效的方法是使空穴流出基极电极。当 npn 双极晶体管处于共基极接法时,刚好可以通过这样的方法来消除过剩的空穴。但是当 npn 双极晶体管处于共发射极接法时,在共发射极输出特性的测量过程中基区电流保持不变,即额外的空穴不能流出基极电极。因此,基区中的载流子失衡只能通过空穴从基区注入发射区而得以缓和。在这种情况下,每个从基区注入发射区的空穴都伴随着附加的电子从发射区注入基区。也就是说,C-B 结耗尽区通过碰撞电离产生的每个附加的电子-空穴对,都会导致附加的电子流进集电区,进而导致更大的集电区电流,最终发生雪崩击穿效应。当晶体管处于发射极开路模式时,击穿的电流 I_{CBO} 变为 $I_{CB} \rightarrow MI_{CBO}$,这里 M 是倍增因子。倍增因子的一种经验化的近似可表示为

$$M = \frac{1}{1 - \left(\frac{V_{CB}}{AV_{CBO}}\right)^z}$$

其中,z 是经验常数,通常介于 3~6 之间;AV_{CBO} 是发射极开路悬空时的 C-B 结击穿电压。

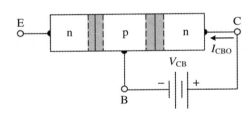

图 5.11　发射极开路模式下的 npn 晶体管饱和电流示意图

5.5　漂移晶体管

　　基于上述的讨论,现在我们介绍一种漂移晶体管,它是利用载流子的漂移效应,缩短基区的穿越时间,进而改善高频特性的器件(因为晶体管的高频特性受到载流子在基区穿越时间的严重影响)。这里以 npn 型晶体管为例,如图 5.12 所示。发射区为 n 型高掺杂区域,基区为 p 型中掺杂区域,集电区为 n 型低掺杂区域。其中在基区中接近发射结这一侧,由于受主浓度高,费米能级接近基区的价带;而在基区中接近集电结这一侧,由于受主浓度偏低,其费米能级靠近基区禁带的中央位置。此时,从发射区注入基区的载流子,在基区这样的浓度差作用下,产生扩散运动进而通过基区到达集电结边界。这时如果施加高电场,则可加速载

流子的运动,缩短载流子通过基区的时间,进而可以改善器件的频率特性。但是我们知道,由于 npn 型晶体管中电阻最大的区域通常是 pn 的结区,因此当我们施加外电压时,外加电场常常都降落在高阻值的 pn 结区,而不是基区,这样就很难在基区内部形成一个高电场来加速载流子的运动。

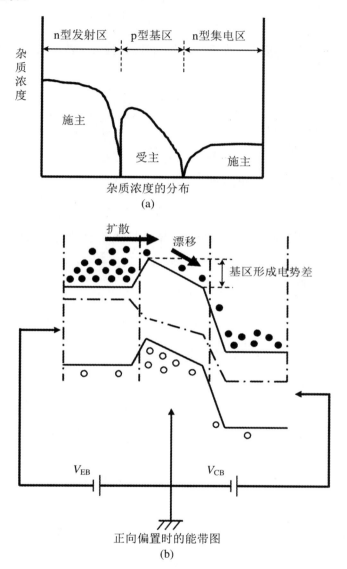

图 5.12　漂移晶体管的工作原理

　　但是如果我们使得基区的杂质浓度呈现倾斜分布,进而使得导带底和价带顶的能量随位置而发生变化,那么这时就会形成电场,如图 5.12(b)所示。基区靠近发射区的部分受主浓度高,多数载流子空穴密度大,这里的空穴向靠近集电区的受主浓度低的方向扩散,从而形成一个扩散电势。该器件在靠近集电区附近受主浓度低,使得集电结耗尽层变宽,进而减小了集电结的电容,从而形成了靠近发射结一侧为负极性,靠近集电结一侧为正极性的内建电场,并处于平衡态。该电场将辅助从发射区注入进来的电子在基区的运动,从而缩短电子穿越基区的时间,进而可迅速到达集电结边界。一般该电场可使电子穿越基区的时间缩短至原来的二分之一以内。通常电子比空穴的迁移率和扩散系数大,所以采用基区中电子是少数载流子的 npn 型晶体管在高频特性方面具有独特优势。

下面具体讨论一下少数载流子在基区的穿越时间。设穿越基区的少数载流子速度为 $v(x)$,载流子的浓度为 $n(x)$,则基区中扩散电流的电流方程可表示为

$$I = en(x)v(x) = eD\frac{\mathrm{d}n(x)}{\mathrm{d}x}$$

如果基区的宽度 W 远小于载流子扩散长度,那么基区的载流子浓度分布基本上按一定的斜率变化,可以用下式近似:

$$n(x) = n(0)\left(1 - \frac{x}{W}\right)$$

把该式代入电流的表达式,可得

$$v(x) = \frac{D}{W - x}$$

基区中少数载流子的穿越时间 τ_{B} 可用下式表示为

$$\tau_{\mathrm{B}} = \int_0^W \frac{1}{v(x)}\mathrm{d}x = \frac{W^2}{2D}$$

从上述公式可以看出,如果减小基区的宽度 W,增大扩散系数,那么我们就可以减少基区中少数载流子的穿越时间 τ_{B}。

第6章 结型场效应晶体管

场效应现象在20世纪20～30年代被发现,这是第一个被提出来的固态晶体管的基础,早于双极晶体管大约20年。施加在金属板上的电压调制金属下面的半导体电导,从而实现对欧姆接触间电流的控制。由于那时还没有良好的半导体材料和先进的制作工艺,所以直到20世纪50年代这种器件才被重新使用。人们将半导体的电导可以被电场调控的现象称为场效应。由于这种类型的晶体管在工作时只存在一种载流子,即多数载流子,所以它通常也被称为单极晶体管。结型场效应晶体管(JFET)是一种三端电子器件,具有放大和开关等功能,是电子电路中常用的器件之一。JFET有两种类型:一种是pn结FET或称为pn JFET;另一种是金属-半导体场效应晶体管或称为MESFET。JFET由三个区域组成:源区、漏区和沟道区。沟道区是一个n型或p型的半导体,源区和漏区都是相反类型的半导体。当JFET的栅极电压为零时,沟道中的载流子密度与静电场呈线性关系,从而形成了一个电阻。当栅极电压为负时,静电场会使沟道中的载流子密度减小,从而使沟道电阻增加,JFET的导通电阻减小,电流增大。而当栅极电压为正时,静电场会使沟道中的载流子密度增加,JFET的导通电阻增加,电流减小。因此,JFET可以实现信号的放大和开关功能。JFET具有噪声低、线性度好和温度稳定性高等特点,被广泛应用于放大器、振荡器和开关等电路中。

6.1 pn JFET 的基本工作原理

第一种JFET叫作pn JFET,其器件的基本结构的横截面如图6.1所示。在pn JFET中,两个p区之间的n区是导电沟道,在这个n沟道器件中,多数载流子电子自源极流向漏极,器件的栅极是控制端(注意这里的栅极,就是之前我们讲述的门电极,仅仅不同的叫法而已)。所加的栅电压改变了pn结的耗尽层宽度和相应的垂直于半导体表面的电场。耗尽层宽度的改变,反过来会调节源、漏之间的电导。由于在n沟道晶体管中,多数载流子电子起主要导电作用,所以JFET是多数载流子导电器件。JFET器件在工作过程中只涉及一种载流子,这是区别于双极晶体管的。

为分析JFET器件工作原理,首先设定一个标准的偏置条件。如图6.2所示。当栅极处于零电压($V_{GS} = 0$),源极接地,漏极电压V_{DS}等于零时,器件处于热平衡态,此时器件的顶部和底部的p^+n结中存在很小的空间电荷耗尽层。由于p型半导体是重掺杂,所以耗尽层主要是扩展到轻掺杂的n型半导体区域。当漏极上加一个小的正电压V_{DS}时,在源漏电极间就产生了一个漏电流I_D,它在两个p^+n结之间耗尽层的n区流动,这个非耗尽的、有电流流过的n型区域称为n沟道。此时器件的I_D与V_{DS}的曲线如图6.2(b)所示。其线性行为是因为此时 n 沟道实际就是一个电阻,从而曲线满足欧姆定律,呈现线性行为。由于栅极电压为零,所以此时器件顶部和底部的空间电荷耗尽区不会发生扩展。

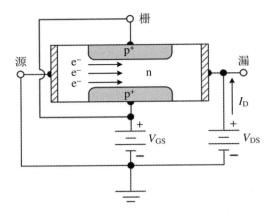

图 6.1　n 沟道 pn JFET 的横截面

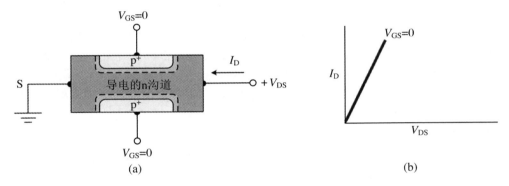

图 6.2　零栅压下,栅沟道空间电荷分布和 *I-V* 特性曲线

当我们在 n 沟道 pn JFET 栅极和源极之间加一个负电压后,即 $V_{GS} = -V_1$,此时栅极和沟道形成的 pn 结处于反偏,从而其 pn 结空间电荷耗尽区宽度增加,这也就意味着沿着从源到漏的方向,随着其顶部和底部的耗尽区的扩大,导致 n 沟道导电的宽度变窄。由于沟道变窄,而沟道的长度没有发生变化,沟道电阻变大,因此 I_D-V_{DS} 的曲线斜率变小,如图 6.3 所示。

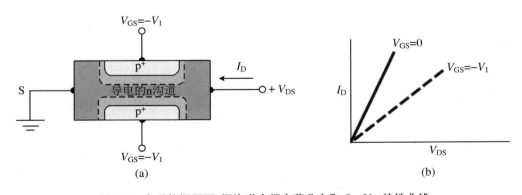

图 6.3　小反偏栅压下,栅沟道空间电荷分布和 I_D-V_{DS} 特性曲线

如果我们继续增大栅电压 V_{GS} 的数值,保持漏电压 V_{DS} 不变,那么当反偏栅压达到一定程度,即 $V_{GS}=-V_2$ 时,会使得 n 沟道顶部和底部电荷耗尽区最终接触在一起,填满整个 n 沟道导电区域,这种情况称为沟道夹断,此时漏电流几乎为零,因为耗尽区隔离了源端和漏端,如图 6.4 所示。

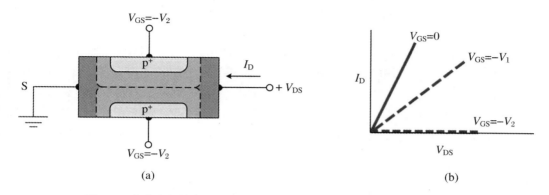

(a)　　　　　　　　　　　　　　(b)

图 6.4　沟道夹断的高反偏栅压下,栅沟道空间电荷分布和 I_D-V_{DS} 特性曲线

由上述讨论可以看出,沟道中的电流可以由栅电压来控制。下面讨论在栅电压为零时($V_{GS}=0$),漏电压 V_{DS} 变化的情况。漏电压 V_{DS} 也等于零时,器件处于热平衡态,此时器件的顶部和底部的 p^+n 结中存在很小的空间电荷耗尽层。在栅电压为零,漏电压 V_{DS} 变成比较小的正电压情况下,由于源端接地,此时从漏端到源端,电势是逐渐降低的。由于栅电压为零,因此 p^+n 结的 p^+ 端被固定为零电位。因此,外加的漏电压会间接导致栅结反向偏置,进而使得其耗尽层宽度增加,而且沿着从源到漏的方向,顶部和底部的耗尽区会逐渐扩大,那么此时源到漏的沟道电阻会增加,因为沟道变窄了。当不断增加漏电压数值时,沟道将变得更窄,特别是在漏端附近的沟道最窄。当靠近漏端的顶部和底部的耗尽区最终接触在一起时,沟道完全耗尽,这是一个重要的特定条件,被称为"夹断"。当器件处于夹断状态时,I_D-V_{DS} 特性曲线斜率近似变为零,如图 6.5 所示,夹断点处的漏电压称为夹断电压 $V_{DS}(\text{sat})$。当漏电压大于夹断电压 $V_{DS}(\text{sat})$ 时,I_D-V_{DS} 特性曲线出现饱和。

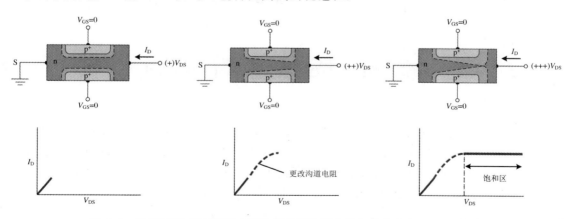

图 6.5　零偏压下,不同源漏电压作用的栅沟道空间电荷分布和 I_D-V_{DS} 曲线

这里如何理解,在夹断状态下,为什么夹断没有完全消除掉流过的沟道电流,而是显示沟道电流是一个常数?假设夹断时的 I_D 等于零,那么沟道内所有地方都没有电流,则沟道

内压降与 $V_{DS}=0$ 时的情况相同,即沟道内压降处处为零。那么此时 pn 结将变成零偏置。一旦 pn 结处于零偏置,那么沟道从源到漏完全开通,这明显与实验观察到的沟道夹断是矛盾的。也就是说,JFET 内必须有电流流过,用来维持沟道的夹断。这也说明,耗尽区是有电流流过的,此时从夹断点到漏端,载流子依靠夹断点的 $V_{DS}(sat)$ 电压与漏端 V_{DS} 电压差在 ΔL(定义为从夹断点到漏端的距离)处形成的电场,在此电场作用下,从夹断点被扫到漏极接触区。

当漏端 V_{DS} 电压大于 $V_{DS}(sat)$ 夹断电压时,源、漏间电流 I_D 出现饱和的原因是当漏端 V_{DS} 电压大于 $V_{DS}(sat)$ 夹断电压时,沟道夹断区变宽,出现了 ΔL 长的沟道耗尽区,如图 6.6 所示。在这个耗尽区内存在 $V_{DS}-V_{DS}(sat)$ 的电压降。由于 $\Delta L \ll L$,L 为沟道长度,因此在该情形下,对于器件中源端到夹断点之间的区域,在饱和后和饱和开始时,该区域形状基本相同,而且有着同样的端点电压,即零和 $V_{DS}(sat)$。因此,该导电区域的压降也就没有改变,那么通过该区域的电流也一定保持不变了。这就是为什么夹断后漏电流近似保持恒定。

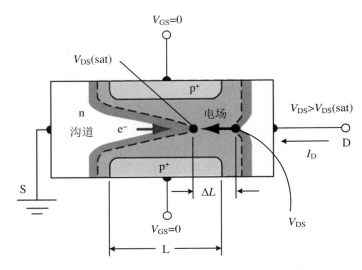

图 6.6　$V_{DS} > V_{DS}(sat)$ 时沟道中空间电荷区的示意图

6.2　MESFET 的基本工作原理

另一类型的结型场效应管是 MESFET,它的栅结是肖特基势垒整流接触,而不是 pn 结。正如前面章节介绍的整流型金属-半导体二极管,它在金属-半导体接触的界面存在一个受所加电压调控的耗尽层。MESFET 是用整流型金属-半导体栅构造出的一个场效应晶体管,图 6.7 是该器件的耗尽型 MESFET 横截面图。

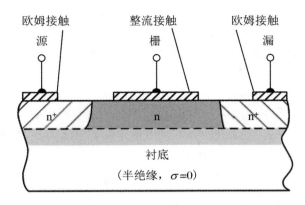

图 6.7　n 沟道半绝缘衬底耗尽型 MESFET 横截面图

同样地,MESFET 有两种基本类型:耗尽型和增强型。由图 6.7 可见,当在栅-源极之间施加一个反向偏置电压时,在金属栅极的下面会诱导产生一个空间电荷耗尽区,进而引起沟道电导降低。一方面,当所加的负栅压足够大时,空间电荷耗尽区将扩展到衬底,此时我们称为"夹断"。另一方面,在一个增强型的 MESFET 器件中,栅压为零时,器件处于夹断状态,这也就意味着金属-半导体接触形成的内建电压能够将沟道完全耗尽。这时我们需要在金属栅极上施加一个正向偏置电压以减小耗尽层的宽度。当施加一个较低的正偏栅压时,耗尽区可收缩到半导体的边缘,但此时沟道仍然处于不导通状态,这时我们把该栅压称为沟道阈值栅压 V_T。当金属栅压 $V_{GS} > V_T$ 时,此时器件开启,源-漏电极间产生沟道电流。如图 6.8 所示。通过类似的讨论,可以同样获得 p 沟道耗尽型和增强型 MESFET 的工作原理,这里不再论述。

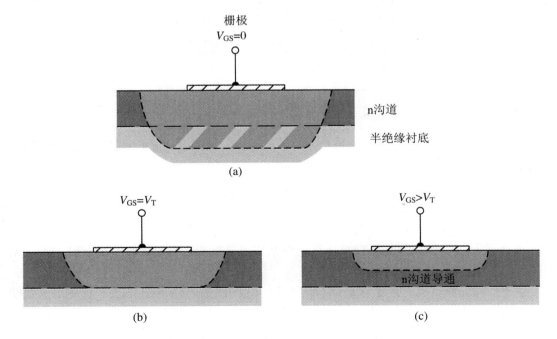

图 6.8　不同栅压下,n 沟道半绝缘衬底增强型 MESFET 电荷分布图

6.3 pn JFET 夹断电压

图 6.9 显示了一个简单的单边 n 沟道 pn JFET。其中单边 p^+n 结中耗尽层的宽度为 h，p^+ 区底部到衬底之间的沟道宽度为 a。此时假定漏源电压为零，那么该 p^+n 结空间电荷区的宽度 h 为

$$h = \left[\frac{2\varepsilon_s(V_{bi} - V_{GS})}{eN_d}\right]^{\frac{1}{2}}$$

其中，V_{GS} 是栅压，V_{bi} 是内建电势。对于一个反向偏置的 p^+n 结，V_{GS} 是一个负值。当器件处于阈值点状态时，$h = a$，p^+n 结的总电势称为内建夹断电压，用 V_{p_0} 表示。此时，可获得

$$a = \left(\frac{2\varepsilon_s V_{p_0}}{eN_d}\right)^{\frac{1}{2}}$$

$$V_{p_0} = \frac{ea^2 N_d}{2\varepsilon_s}$$

由上述公式可知，内建夹断电压 V_{p_0} 定义为正值。

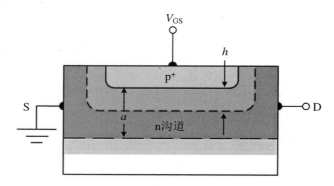

图 6.9 n 沟道 pn JFET 的结构示意图

内建夹断电压 V_{p_0} 不是形成沟道夹断时的栅源电压。形成沟道夹断时的栅源电压称为夹断电压或阈电压，用 V_p 表示。它的定义为

$$V_p = V_{bi} - V_{p_0}$$

注意：因为 V_p 是负值，所以有 $|V_{p_0}| > |V_{bi}|$。

n 通道结场效应晶体管掺杂浓度（N_d）越低，其夹断电压就越小。不过此时 n 通道电流特性也会下降。因此在设计器件时，通道的掺杂浓度要折中。当栅极和漏极同时加上电压时，耗尽层的宽度变化，如图 6.10 所示。

这里源端处耗尽层的宽度为 h_1，它是 V_{bi} 和 V_{GS} 的函数，与漏电压无关。耗尽层的宽度在漏端的表达式为

$$h_2 = \left[\frac{2\varepsilon_s(V_{bi} + V_{DS} - V_{GS})}{eN_d}\right]^{\frac{1}{2}}$$

其中，V_{GS} 对于 n 沟道 pn JFET 器件来说，是一个负值。当 $h_2 = a$ 时，沟道夹断在漏端发生，

在该点达到饱和条件，$V_{DS} = V_{DS}(sat)$，那么

$$a = \left[\frac{2\varepsilon_s(V_{bi} + V_{DS}(sat) - V_{GS})}{eN_d}\right]^{\frac{1}{2}}$$

从而有

$$V_{p_0} = \frac{ea^2 N_d}{2\varepsilon_s} = V_{bi} + V_{DS}(sat) - V_{GS}$$

此时在漏端产生沟道夹断的源漏电压为 $V_{DS}(sat) = V_{p_0} - (V_{bi} - V_{GS})$，称为源漏饱和电压。这个源漏饱和电压随着栅源反偏电压的增加而减少。应时刻注意，这里 V_{GS} 是一个负值。

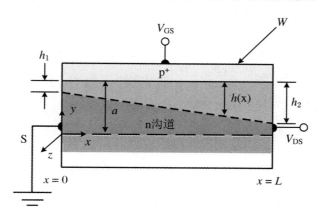

图 6.10　n 沟道 pn JFET 的几何结构图

6.4　pn JFET *I-V* 特性

JFET 器件理想的 *I-V* 特性满足欧姆定律。如图 6.10 所示，在沟道中 x 点位置的微分电阻为

$$dR = \frac{\rho dx}{A(x)}$$

其中，ρ 是电阻率，$A(x)$ 是横截面积。如果忽略 n 沟道中少数载流子空穴，沟道电阻率为

$$\rho = \frac{1}{e\mu_n N_d}$$

横截面 $A(x)$ 可表示为

$$A(x) = [a - h(x)]W$$

其中，W 是沟道宽度，从而有

$$dR = \frac{dx}{e\mu_n N_d[a - h(x)]W}$$

此时，长度为 dx 的微分电压为

$$dV(x) = I_D dR(x)$$

其中，沟道里的漏电流 I_D 是一个常数，从而有

$$\mathrm{d}V(x) = \frac{I_\mathrm{D}\mathrm{d}x}{e\mu_\mathrm{n}N_\mathrm{d}[a - h(x)]W}$$

耗尽层宽度 $h(x)$ 为

$$h(x) = \left\{ \frac{2\varepsilon_\mathrm{s}[V(x) + V_\mathrm{bi} - V_\mathrm{GS}]}{eN_\mathrm{d}} \right\}^{\frac{1}{2}}$$

其中，$V(x)$ 是沟道中的电势，取决于源漏电压。进而微分可得

$$\mathrm{d}V(x) = \frac{eN_\mathrm{d}h(x)\mathrm{d}h(x)}{\varepsilon_\mathrm{s}}$$

$$I_\mathrm{D}\mathrm{d}x = \frac{\mu_\mathrm{n}(eN_\mathrm{d})^2 W}{\varepsilon_\mathrm{s}}[ah(x)\mathrm{d}h(x) - h(x)^2\mathrm{d}h(x)]$$

对上式沿着沟道的长度求积分，从而可得到漏电流 I_D 的表达式

$$I_\mathrm{D} = \frac{\mu_\mathrm{n}(eN_\mathrm{d})^2 W}{\varepsilon_\mathrm{s}L}\left(\int_{h_1}^{h_2} ah\mathrm{d}h - \int_{h_1}^{h_2} h^2\mathrm{d}h \right)$$

这里假定了电流和迁移率在沟道中为常数。从而有

$$h_2^2 = \frac{2\varepsilon_\mathrm{s}(V_\mathrm{DS} + V_\mathrm{bi} - V_\mathrm{GS})}{eN_\mathrm{d}}$$

$$h_1^2 = \frac{2\varepsilon_\mathrm{s}(V_\mathrm{bi} - V_\mathrm{GS})}{eN_\mathrm{d}}$$

由于器件在夹断状态下，故其内建夹断电压为

$$V_{p_0} = \frac{ea^2 N_\mathrm{d}}{2\varepsilon_\mathrm{s}}$$

沟道电流的表达式为

$$I_\mathrm{D} = \frac{\mu_\mathrm{n}(eN_\mathrm{d})^2 Wa^3}{2\varepsilon_\mathrm{s}L}\left[\frac{V_\mathrm{DS}}{V_{p_0}} - \frac{2}{3}\left(\frac{V_\mathrm{DS} + V_\mathrm{bi} - V_\mathrm{GS}}{V_{p_0}} \right)^{\frac{3}{2}} + \frac{2}{3}\left(\frac{V_\mathrm{bi} - V_\mathrm{GS}}{V_{p_0}} \right)^{\frac{3}{2}} \right]$$

其中，$I_{p_1} = \frac{\mu_\mathrm{n}(eN_\mathrm{d})^2 Wa^3}{6\varepsilon_\mathrm{s}L}$ 为夹断电流。JFET 的夹断电流是指器件的栅极-源极电压达到一定值时，沟道中的电子被完全压缩，导致电流无法再通过沟道，形成器件的夹断状态，此时的电流被称为夹断电流(I_{p_1})。从而有

$$I_\mathrm{D} = I_{p_1}\left[3\left(\frac{V_\mathrm{DS}}{V_{p_0}} \right) - 2\left(\frac{V_\mathrm{DS} + V_\mathrm{bi} - V_\mathrm{GS}}{V_{p_0}} \right)^{\frac{3}{2}} + 2\left(\frac{V_\mathrm{bi} - V_\mathrm{GS}}{V_{p_0}} \right)^{\frac{3}{2}} \right]$$

上式的有效范围是 $0 \leqslant |V_\mathrm{GS}| \leqslant |V_\mathrm{p}|$ 和 $0 \leqslant V_\mathrm{DS} \leqslant V_\mathrm{DS}(\mathrm{sat})$。

通过设定

$$G_{01} = \frac{\mu_\mathrm{n}(eN_\mathrm{d})^2 Wa^3}{2\varepsilon_\mathrm{s}LV_{p_0}} = \frac{e\mu_\mathrm{n}N_\mathrm{d}Wa}{L} = \frac{3I_{p_1}}{V_{p_0}}$$

沟道电导定义为

$$g_\mathrm{d} = \frac{\partial I_\mathrm{D}}{\partial V_\mathrm{DS}}$$

由此可得

$$g_\mathrm{d} = \frac{\partial I_\mathrm{D}}{\partial V_\mathrm{DS}} = G_{01}\left[1 - \left(\frac{V_\mathrm{bi} - V_\mathrm{GS}}{V_{p_0}} \right)^{\frac{1}{2}} \right]$$

从上述公式可以看出，当 V_bi 和 V_GS 均为零时，G_{01} 表示沟道电导，这种情况存在于沟道中没有空间电荷区。这里我们同样可得沟道电导可被栅电压调制，它是场效应现象的基础。

在饱和区, 当 $V_{DS} = V_{DS}(\text{sat})$ 时, 此时理想饱和漏电流为

$$I_D = I_D(\text{sat}) = I_{p_1}\left[1 - 3\left(\frac{V_{bi} - V_{GS}}{V_{p_0}}\right)\left(1 - \frac{2}{3}\sqrt{\frac{V_{bi} - V_{GS}}{V_{p_0}}}\right)\right]$$

该公式告诉我们, 此时理想饱和漏电流与漏电压无关。

这里 JFET 的夹断电流取决于沟道宽度、厚度和掺杂浓度等因素, 其大小与器件的材料和结构有关, 并且受到温度和电压等因素的影响。夹断电流是 JFET 的一个重要参数, 它决定了器件的工作状态。在正常的放大器电路中, JFET 的栅极-源极电压应该保持在夹断电压以下, 此时 JFET 工作于放大区。

6.5　pn JFET 跨导

JFET 的跨导是指器件的输出电流与输入电压之间的关系。在 JFET 放大器中, 跨导是一个重要的参数, 它决定了放大器的放大倍数和增益。跨导的大小取决于沟道导纳和栅极-源极电压的大小。跨导的大小直接影响了 JFET 放大器的增益, 因此在设计 JFET 放大器电路时需要充分考虑跨导的大小。跨导过小会导致放大倍数降低, 跨导过大则会导致放大器失稳。为了获得最佳的性能, 需要在跨导和电路增益之间进行平衡, 同时兼顾 JFET 的线性度和稳定性。

跨导描述了栅压控制漏电流的情况, 其定义为

$$g_m = \frac{\partial I_D}{\partial V_{GS}}$$

把上面提到的理想电流公式代入, 可得到跨导的表达式。对于一个 n 沟道耗尽型的 JFET, 在非饱和区的电流, 之前已经计算过了, 从而跨导在该区的表达式为

$$g_{mL} = \frac{\partial I_D}{\partial V_{GS}} = \frac{3I_{p_1}}{V_{p_0}}\sqrt{\frac{V_{bi} - V_{GS}}{V_{p_0}}}\left[\sqrt{\left(\frac{V_{DS}}{V_{bi} - V_{GS}}\right) + 1} - 1\right]$$

取极限, 使得 V_{DS} 很小, 从而跨导的表达式为

$$g_{mL} \approx \frac{3I_{p_1}}{2V_{p_0}} \cdot \frac{V_{DS}}{\sqrt{V_{p_0}(V_{bi} - V_{GS})}}$$

我们还可以用电导参数 G_{01} 来表达上式:

$$g_{mL} = \frac{G_{01}}{2} \cdot \frac{V_{DS}}{\sqrt{V_{p_0}(V_{bi} - V_{GS})}}$$

实验得出的跨导值与理论值有偏离, 其原因是漏极存在电阻。

6.6　MESFET 阈值电压和 I-V 特性

与前面描述的 JFET 相类似, 我们得到的 JFET 内建夹断电压 V_{p_0} 的定义也适合这类 MESFET 器件, 在分析增强型 JFET 时, 我们用阈电压 V_p 代替内建夹断电压 V_{p_0}, 同样我们

在讨论 MESFET 时,也可以用阈电压 V_p 表示。对于 n 沟道 MESFET,阈电压 V_p 可表示为

$$V_{bi} - V_p = V_{p_0} \quad \text{或者} \quad V_p = V_{bi} - V_{p_0}$$

对于 n 沟道耗尽型 JFET,$V_p < 0$;对于 n 沟道增强型 MESFET,$V_p > 0$。

理想情况下,增强型与耗尽型 MESFET 器件的 *I-V* 特性曲线相同,唯一不同的是夹断电压的相对值。我们从前面讨论可知,饱和电流为

$$I_D = I_D(sat) = I_{P_1}\left[1 - 3\left(\frac{V_{bi} - V_{GS}}{V_{p_0}}\right)\left(1 - \frac{2}{3}\sqrt{\frac{V_{bi} - V_{GS}}{V_{p_0}}}\right)\right]$$

n 沟道器件的阈电压 V_p 可表示为

$$V_p = V_{bi} - V_{p_0}$$

从而有

$$I_D(sat) = I_{P_1}\left\{1 - 3\left[1 - \left(\frac{V_{GS} - V_p}{V_{p_0}}\right)\right] + 2\left[1 - \left(\frac{V_{GS} - V_p}{V_{p_0}}\right)\right]^{\frac{3}{2}}\right\}$$

上式在 $V_{GS} \geq V_p$ 时有效。当晶体管导通时,有 $V_{GS} - V_p \ll V_{p_0}$,此时对上式进行泰勒级数展开,从而有

$$I_D(sat) \approx I_{P_1}\left[\frac{3}{4}\left(\frac{V_{GS} - V_p}{V_{p_0}}\right)\right]^2$$

代入 I_{P_1} 和 V_{p_0} 各自的表达式,从而有

$$I_D(sat) = \frac{\mu_n \varepsilon_s W}{2aL}(V_{GS} - V_p)^2$$

令 $k_n = \frac{\mu_n \varepsilon_s W}{2aL}$,从而有

$$I_D(sat) = k_n(V_{GS} - V_p)^2$$

其中,系数 k_n 为电导参数。该公式对应的理想曲线与电压轴相交的一点的值是阈电压 V_p 的值,如图 6.11 所示。实验结果与阈电压值符合并不理想。因为理想的 *I-V* 关系是在假定耗尽区突变近似的情况下推导出来的,然而,当耗尽区扩展到整个沟道时,为更精确地预测阈值附近的漏电流,必须采用更精确的空间电荷区模型,也就是所说的亚阈值情况。

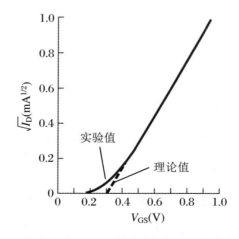

图 6.11　饱和电流 $I_D(sat)$ 的均方根与 V_{GS} 的曲线关系图

第7章 光 器 件

7.1 光学吸收及其吸收系数

光学吸收是指光线与物质相互作用,能量被物质吸收并转化为其他形式的能量的过程。在光学吸收中,光的波长和物质的性质是决定光学吸收过程的两个关键因素。当光线通过物质时,电磁波和物质中的电子和原子核相互作用,光的能量被转移给物质中的电子和原子核,使它们处于激发态。如果光的能量足够大,物质中的电子和原子核就可以被激发到更高的能级,形成光吸收。光学吸收光谱是一种研究物质电子结构和化学键性质的重要手段。通过测量不同波长下物质对光的吸收程度,可以确定物质的吸收光谱,进而了解物质的电子结构和化学键特性。光学吸收在许多领域都有广泛的应用,例如,在材料研究中,光学吸收可以用来确定材料的能带结构和光电性质。

从量子力学中论述的波粒二象性,我们知道光子的波长和能量有如下的关系:

$$\lambda = \frac{c}{\nu} = \frac{hc}{E} = \frac{1.24}{E}(\mu m)$$

其中,E 是光子能量,单位是 eV,c 是光速。当一束光照到半导体时,光子既可以被半导体吸收,也可能穿透半导体,这取决于光子能量和半导体禁带宽度 E_g。如果光子能量小于 E_g,光子不能够被吸收。这种情况下,光子会透射过材料,此时半导体表现为光学透明。但是如果光子能量大于 E_g,将发生光子与价电子作用,把电子激发到导带。通常这种作用会产生一个电子-空穴对,即在导带产生一个电子,同时在价带产生一个对应的空穴。对于不同的光子能量 $h\nu$,如图 7.1 所示,当 $h\nu > E_g$ 时,除了产生一个电子-空穴对外,额外的能量作为电子或者空穴的动能,在半导体中将以焦耳热的形式耗散掉。

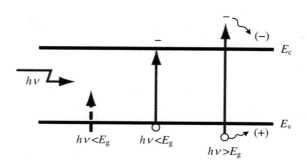

图 7.1 光照下,半导体能带中电子-空穴的跃迁示意图

我们用 $I_\nu(x)$ 表示光子流强度,单位是 J/(cm² · s)。如图 7.2 所示。在 x 处入射光子

流强度为 $I_v(x)$，在 $x + dx$ 处，出射光子流强度为 $I_v(x + dx)$。在单位时间，dx 距离吸收的能量表示为 $\alpha I_v(x)dx$。α 为光吸收系数，它表示单位距离吸收的光子数目，单位是 cm^{-1}。从而有

$$I_v(x + dx) - I_v(x) = \frac{dI_v(x)}{dx} \cdot dx = -\alpha I_v(x)dx$$

即 $\frac{dI_v(x)}{dx} = -\alpha I_v(x)$，进而求得

$$I_v(x) = I_{v0}e^{-\alpha x}$$

其中，$I_v(0) = I_{v0}$。由上述公式可得，光子流强度随着深入半导体材料的距离呈指数衰减。由图 7.3 可知，如果吸收系数 α 越大，光的吸收实际上就越集中在半导体很薄的表面层内。

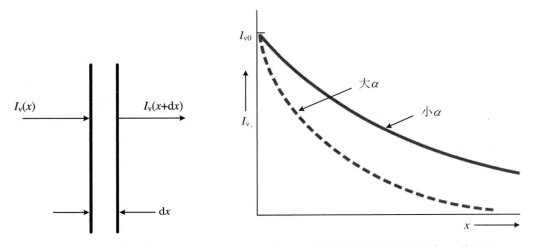

图 7.2　dx 长度内的光学吸收　　　图 7.3　不同吸收系数的光强度与 x 的关系

　　光学吸收系数是描述物质对光吸收能力的一个参数。它表示单位厚度内物质对光吸收的强度，通常用单位长度内的吸收系数来描述。光学吸收系数越大，物质对光的吸收能力就越强。光学吸收系数的大小与材料的特性、光的波长、样品的厚度和纯度等有关。材料的特性如电子结构、晶格结构、分子结构和化学成分等会影响其对光的吸收能力。不同波长的光对材料的吸收能力也不同，因为不同波长的光与物质的相互作用方式和机制不同。光学吸收系数在光学和材料科学中有广泛的应用。例如，在材料科学中，光学吸收系数可以用来研究材料的能带结构、电子结构和相关的物理特性。总之，光学吸收系数是描述物质对光吸收能力的一个重要参数，对于我们理解和研究材料的物理和化学性质，以及应用于光学和医学等领域具有重要的意义。

7.2　pn 结太阳能电池

　　太阳能电池是一种利用光能转换成电能的装置，其中的关键元件就是 pn 结。在太阳能电池中，pn 结的作用是将光子转化为电子-空穴对，并将它们分开，形成电场。当光子击中 pn 结时，它会激发电子-空穴对，电子和空穴分别被电场分开，电子被吸引到 n 型半导体的

一侧,形成电流,而空穴则被吸引到 p 型半导体的一侧。这样就形成了一个电势差,可以将太阳能转化为电能。太阳能电池的效率取决于光的能量是否被充分利用,以及电子-空穴对分离的效果。因此,太阳能电池的关键是要设计出高效的 pn 结的结构,以提高其转换效率。一个带有负载的 pn 结太阳能电池,即使在零偏压下,其空间电荷区也是存在电场的,如图 7.4 所示。

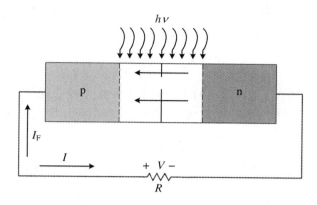

图 7.4　带有负载的 pn 结太阳能电池的示意图

当入射光照射到太阳能电池的 pn 结时,会在空间电荷区激发产生电子-空穴对,接着通过非零的内建电场,电子和空穴分别被扫到太阳能器件的 n 区和 p 区,在这过程中形成了光电流 I_L。(当然入射光也会在太阳能电池的中性区 n 区和 p 区激发电子-空穴对,但是由于中性区没有内建电场,所以这些激发的电子-空穴对很快就复合了,不会产生光电流。)在空间电荷区产生的光电流,经过外电路的负载 R 时,会产生一个电压降,这个电压降反过来,可以使得 pn 结正偏,如图 7.4 所示。这个正偏电压会产生一个对应的正偏电流 I_F(就是我们在第 2 章论述的 pn 结在正偏电压下产生的扩散电流)。此时,在上述太阳能电池器件中的净电流可表示为

$$I_\text{净} = I_L - I_F = I_L - I_S\left[\exp\left(\frac{eV}{kT}\right) - 1\right]$$

对于正偏电流 I_F,我们运用了理想二极管方程。随着在空间电荷区不断产生的电子-空穴对,正偏电流也会增加,从而反过来使得太阳能电池的 pn 结处于更大的正偏电压作用,进而使得其空间电荷区的电场变弱,但是它的电场不可能为零或者改变方向,其光电流 I_L 总是沿着反偏的方向。

下面我们讨论以下两种情况。第一种情况:当太阳能电池处于短路的状态时,即意味着负载 $R = 0$,此时负载上的电压 $V = 0$。这时太阳能电池的短路电流可表示为

$$I = I_\text{sc} = I_L$$

第二种情况:当太阳能电池处于开路的状态时,即意味着负载 $R \to \infty$,此时净电流为零,由净电流表达式

$$I_\text{净} = 0 = I_L - I_S\left[\exp\left(\frac{eV_\text{oc}}{kT}\right) - 1\right]$$

可推出其开路电压 V_oc 的表达式为

$$V_\text{oc} = \frac{kT}{e}\ln\left(1 + \frac{I_L}{I_S}\right)$$

现在我们讨论太阳能电池传送到负载的功率 P:

$$P = I_{净}V = I_{L}V - I_{S}\left[\exp\left(\frac{eV}{kT}\right) - 1\right]V$$

通过对功率 P 求导,进而获得其极值,即 $\frac{\mathrm{d}P}{\mathrm{d}V} = 0$,可求出负载上最大功率时的电流和电压值:

$$\frac{\mathrm{d}P}{\mathrm{d}V} = 0 = I_{L} - I_{S}\left[\exp\left(\frac{eV_{m}}{kT}\right) - 1\right] - I_{S}V_{m}\left(\frac{e}{kT}\right)\exp\left(\frac{eV_{m}}{kT}\right)$$

其中,V_{m} 是产生最大功率时的电压。进而可得

$$\left(1 + \frac{eV_{m}}{kT}\right)\exp\left(\frac{eV_{m}}{kT}\right) = 1 + \frac{I_{L}}{I_{S}}$$

根据上述讨论,我们知道 V_{oc} 是在给定的光输入下太阳能电池能提供的最大电压,I_{sc} 是太阳能电池的最大电流,V_{m} 和 I_{m} 是产生最大输出功率对应的电压和电流(图 7.5)。由此得

$$FF = \frac{P_{max}}{V_{oc}I_{sc}} = \frac{V_{m}I_{m}}{V_{oc}I_{sc}}$$

其中,FF 为填充因子,其值总是小于 1,它是代表太阳能电池性能的一个特征参数,由电流-电压参数确定:

$$\eta = \frac{P_{max}}{P_{in}} = \frac{V_{m}I_{m}}{P_{in}} = \frac{FFV_{oc}I_{sc}}{P_{in}}$$

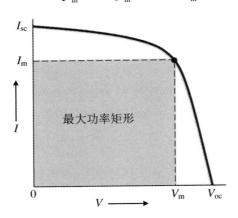

图 7.5　太阳能电池 I-V 特性曲线的最大功率矩形

7.3　异质结太阳能电池

　　异质结太阳能电池是一种采用不同材料组成的异质结结构的太阳能电池。它由两种或两种以上的半导体材料组成,其中一种为 n 型半导体,另一种为 p 型半导体,在它们的交界处形成异质结。异质结太阳能电池利用不同材料之间的能带差异来增加光电转换效率。光子在异质结内被吸收后,会产生电子-空穴对。由于异质结两侧材料能带的位置不同,电子-空穴在结的两侧会被分离出来,并在电场的作用下形成电流。这样,异质结太阳能电池的光电转换效率就比单一材料组成的太阳能电池更高。

热平衡下一个典型的 pn 异质结的能带结构如图 7.6 所示。该图展示了 pn 异质结由两个不同带隙的半导体构成,即分别为宽带隙 E_{gn} 和窄带隙 E_{gp}。当光子从宽带隙端的半导体材料进入 pn 异质结时,能量大于 E_{gn} 的光子会被该宽带隙半导体吸收。而能量小于 E_{gn} 的光子将穿过该宽带隙半导体材料,即该半导体材料对此类光子透明。此时,如果该类光子的能量大于 E_{gp},那么这类光子将被 pn 异质结中的窄带隙半导体材料吸收。上述光子能量分别被 pn 异质结吸收后,将在各自的耗尽区产生过剩载流子,并且这些过剩载流子在其扩散长度内被收集。相对于同质结太阳能电池,异质结太阳能电池有较好的特性,尤其对短波波长来说。该异质结器件的吸光频谱变宽,效率提高。

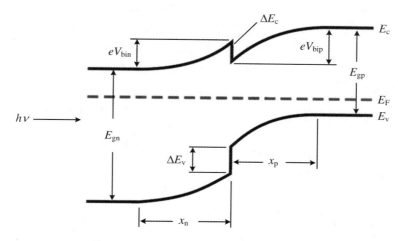

图 7.6　热平衡下 pn 异质结能带结构图

7.4　非晶态硅太阳能电池

非晶态硅太阳能电池是一种利用非晶硅材料制成的太阳能电池。与传统的晶体硅太阳能电池不同,非晶态硅太阳能电池使用非晶硅薄膜代替了晶体硅晶片,能够在低光照条件下具有更好的光电转换效率。非晶态硅材料是一种非晶态固体,具有无规则的原子排列结构。由于其材料的结构缺陷较多,电子的运动受到较大的限制,因此其光电转换效率较低。为了提高非晶态硅材料的光电转换效率,常常采用多层结构和掺杂等方法来进行优化。非晶态硅太阳能电池的制造工艺相对简单,生产成本较低。其光电转换效率较低,但在低光照条件下具有更好的性能。因此,非晶态硅太阳能电池在家庭光伏发电、计算机显示器等领域有着广阔的应用前景。总的来说,非晶态硅太阳能电池具有制造工艺简单、生产成本低等优点,并且在低光照条件下具有更好的光电转换效率,是一种很有前景的太阳能电池技术。

图 7.7 展示了非晶硅的态密度与能量的关系。由于非晶硅仅仅存在短程有序,从而其有效迁移率很小,典型范围为 $10^{-6} \sim 10^{-3}$ cm^2/(V·s)。能级在 E_c 以上和在 E_v 以下的,迁移率为 $1 \sim 10$ cm^2/(V·s)。由于在 E_c 和 E_v 之间的迁移率很小,所以它们之间的这些传导可忽略不计,因此它们之间的能带就称为迁移率的隙宽,而能级 E_c 和 E_v 称为迁移率的隙

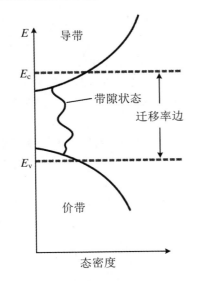

图 7.7 非晶硅的态密度与能量的关系

边。迁移率的隙宽可以通过引入特殊的杂质而实现有效调控。

由于非晶硅有非常高的光学吸收系数,所以大多数太阳光能够在非晶硅表面 1 mm 处被吸收,因此非晶硅太阳能电池只需要非常薄的一层非晶硅材料。图 7.8 展示了一个典型的 PiN 非晶硅太阳能电池。其中,非晶硅沉积在一个光学透明的铟锡氧化层玻璃衬底上。而 p⁺ 端如果用铝作金属电极接触的话,该金属铝将反射任何传输光,这意味着太阳光到达 p⁺ 层后,如果没有被完全吸收,则剩余太阳光会被与 p⁺ 端接触的金属铝反射回非晶硅太阳能电池中,进而该太阳能电池可充分吸收太阳光能量。当非晶硅本征区(Ⅰ区)的厚度为 0.5～1.0 mm 时,n⁺ 区和 p⁺ 区可以很薄。光照条件下,在本征区产生的光生载流子,通过内建电场(由图 7.8 可知,此时内建电场贯穿整个本征区)产生漂移运动而形成光电流。虽然非晶硅太阳能电池的转换效率很低,但是由于其成本便宜,所以这个技术仍然吸引大家的注意。

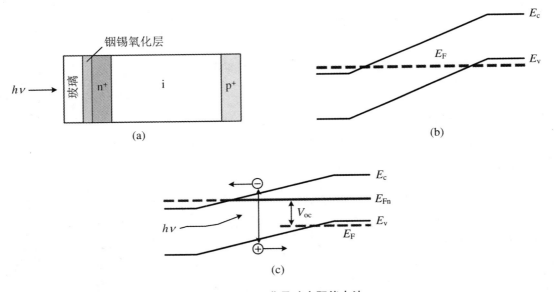

图 7.8 PiN 非晶硅太阳能电池

(a) 非晶硅 PiN 太阳能电池横截面;(b) 热平衡态下的能带结构图;(c) 光照下,非晶硅 PiN 太阳能电池能带结构图。

7.5 光 电 导 体

光电探测器是一种将光信号转换为电信号的器件。它主要由光敏元件和前置放大器两部分组成。光敏元件可以将光信号转换为电信号,而前置放大器则可以对电信号进行放大和处理。根据光敏元件的不同,光电探测器可以分为多种类型,如光电二极管、光电倍增管、光电子器件等。有多种半导体器件可以用来探测光子的存在。当过剩的电子和空穴在半导体中产生时,材料的电导率就会增加。电导率的变化是光电探测器的基础,或者说是光电探测器的简单类型。

图 7.9 展示了一个半导体材料,其两端具有欧姆接触的电极,在它的这两端电极上施加一个电压时,此时在无光照条件下,其电导率为

$$\sigma_0 = e(\mu_{\mathrm{n}} n_0 + \mu_{\mathrm{p}} p_0)$$

其中,n_0 是其多数载流子浓度;p_0 是其少数载流子浓度。如果我们在该半导体上施加一个光照,那么其电导率则变为

$$\sigma = e[\mu_{\mathrm{n}}(n_0 + \Delta n) + \mu_{\mathrm{p}}(p_0 + \Delta p)]$$

其中,Δn 和 Δp 分别为过剩的电子和空穴浓度。由电中性原理,我们有 $\Delta n = \Delta p$。对上式变形后,有

$$\sigma = \sigma_0 + \Delta\sigma = e(\mu_{\mathrm{n}} n_0 + \mu_{\mathrm{p}} p_0) + e\Delta p(\mu_{\mathrm{n}} + \mu_{\mathrm{p}})$$

此时由光照引起的电导率变化 $\Delta\sigma$ 为

$$\Delta\sigma = e\Delta p(\mu_{\mathrm{n}} + \mu_{\mathrm{p}})$$

此时半导体在电压 V 的作用下,形成的电场为 E,从而产生的总电流为

$$J = J_0 + J_{\mathrm{L}} = (\sigma_0 + \Delta\sigma)E$$

其中,J_0 为光照前的电流密度;J_{L} 为光电流密度,它可表示为 $J_{\mathrm{L}} = \Delta\sigma \cdot E$。如果整个半导体的过剩电子和空穴具有相同的产生率,那么光电流 I_{L} 为

$$I_{\mathrm{L}} = J_{\mathrm{L}} \cdot A = \Delta\sigma \cdot EA = e\Delta p(\mu_{\mathrm{n}} + \mu_{\mathrm{p}})EA$$

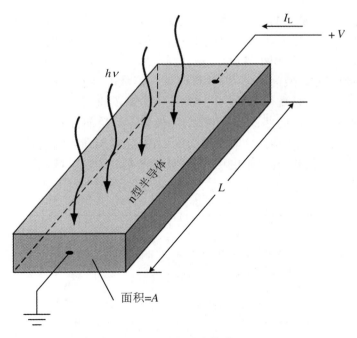

图 7.9   n 型光电导体

其中,A 为器件的横截面积。如果过剩载流子的产生率为 G_{L}(单位为 $\mathrm{cm}^{-1} \cdot \mathrm{s}^{-1}$),过剩载

流子的寿命为 τ_t，那么过剩载流子浓度为 $\Delta n = \Delta p = G_L \tau_t$。此时半导体里的光电流为

$$I_L = e\Delta p(\mu_n + \mu_p)EA = e(G_L\tau_t)(\mu_n + \mu_p)EA$$

由此看出，光电流与过剩载流子的产生率成正比，而过剩载流子的产生率又与入射光流量成正比。我们知道电子的漂移速度为 $\mu_n E$，那么电子的输运时间，也就是电子通过光电导体的时间 t_n 为 $t_n = \dfrac{L}{\mu_n E}$，从而可得光电流为

$$I_L = eG_L\left(\frac{\tau_t}{t_n}\right)\left(1 + \frac{\mu_p}{\mu_n}\right)AL$$

我们定义光电导体的增益为 Γ_{ph}，它是电荷被电极收集的速率与光电导体内电荷产生的速率之比，可表示为

$$\Gamma_{ph} = \frac{I_L}{eG_L AL} = \frac{\tau_t}{t_n}\left(1 + \frac{\mu_p}{\mu_n}\right)$$

在光电导体中，光电转换过程的物理图像是：光照下，在光电导体中产生的过剩载流子，在光电导体两端所加的电压产生的电场作用下，发生漂移运动，分别被两端电极收集。当去除光照后，光电流则以指数函数的形式衰减一段时间，最后消失。由光电增益的表达式，我们可以看出长寿命 τ_t 的少数载流子将增加器件的增益，但是少数载流子寿命长，反过来又使得器件的开关速度下降，因此在器件设计过程中，我们需要对增益与开关速度进行折中考虑。

7.6 pn 结光电二极管

光电二极管是一种常见的光电探测器，它由 pn 结和金属电极组成。当光照射到 pn 结时，电子和空穴会被激发出来，形成电流。该电流的大小与光的强度成正比。光电二极管具有响应速度快、灵敏度高、体积小等优点，被广泛应用于光通信和光电子学领域。总的来说，光电探测器可将光信号转换为电信号，并可以对电信号进行放大和处理。不同的光敏元件适用于不同的应用场景，是现代化科学技术中不可或缺的重要器件之一。

图 7.10 展示了一个反向偏置下的 pn 结二极管。在反向偏置状态下，由于光照，在 pn 结空间电荷区产生电子-空穴对，此时必然受到 pn 结空间电荷区的电场作用，进而使得所产生的电子-空穴对迅速分开，各自被电场扫到 pn 结两端的中性区域，最后形成光生电流。

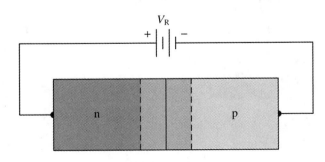

图 7.10 反向偏置下的 pn 结二极管

设 G_L 是过剩载流子的产生率，在空间电荷区产生的过剩载流子被电场扫过耗尽区，电

子漂移运动进入 n 型中性区,空穴漂移运动进入 p 型中性区,从而在空间电荷区产生的光电流密度为

$$J_{L_1} = e \int G_L \mathrm{d}x$$

如果 G_L 在整个空间电荷区为常数,此时对上式在整个空间电荷区宽度内进行积分,有

$$J_{L_1} = eG_L W$$

其中,W 为空间电荷区的宽度。整个 J_{L_1} 是沿着反偏置方向的,这种光电流对光照反应很快,通常称为瞬时光电流。从上述讨论,我们知道光电二极管的速度受限于空间电荷区的载流子输运速度。如果假设饱和漂移速度为 10^7 cm/s,耗尽区的宽度为 $2~\mu$m,则输运时间为 $\tau_t = 20$ ps。理想的调制频率的周期为 $2\tau_t$,因此频率为 $f = 25$ GHz。

下面我们讨论光照条件下,在 pn 二极管的中性 n 区和 p 区产生的过剩载流子的输运行为,因为中性区同样可以在光照条件下产生过剩的载流子。之前的章节讨论过,在中性区域的半导体中,由于光照产生的过剩载流子中,对光生电流起主导作用的是过剩少数载流子,因此这里我们先讨论中性 p 区中光照产生的过剩电子的输运行为。因为区域为中性区,所以其电场为零(尽管 pn 结处于反向偏置电压下,中性区电场仍然是零)。并且由于处于稳态,所以中性 p 区过剩电子浓度随时间不变化,即 $\dfrac{\partial \Delta n_p}{\partial t} = 0$。这时其输运方程可写为

$$\frac{\mathrm{d}^2 \Delta n_p}{\mathrm{d}x^2} - \frac{\Delta n_p}{L_n^2} = -\frac{G_L}{D_n}$$

其中,$L_n^2 = D_n \tau_{n_0}$;L_n 为扩散长度;D_n 为扩散吸收;τ_{n_0} 为稳态下载流子寿命。上述方程的解由其通解和特解组成,那么中性 p 区过剩电子浓度总的稳态解为

$$\Delta n_p = A\mathrm{e}^{-\frac{x}{L_n}} + G_L \tau_{n_0}$$

注意这时的边界条件:在空间电荷耗尽区的边界处即图 7.11 所示的 $x = 0$ 的位置,总的电子的浓度为零,因为无光照下,耗尽区没有自由移动的载流子。所以有

$$\Delta n_p(x = 0) = -n_{p_0}$$

此时,中性 p 区过剩电子浓度 Δn_p 为

$$\Delta n_p = G_L \tau_{n_0} - (G_L \tau_{n_0} + n_{p_0})\mathrm{e}^{-\frac{x}{L_n}}$$

同理,以此类推,我们可以获得中性 n 区过剩空穴浓度 Δp_n 为

$$\Delta p_n = G_L \tau_{p_0} - (G_L \tau_{p_0} + p_{n_0})\mathrm{e}^{-\frac{x'}{L_p}}$$

在稳态下,上述在各自中性 n 区和 p 区产生的过剩载流子分别可以通过扩散运动,到达 pn 结空间电荷耗尽区。在中性 p 区与耗尽区边界的 $x = 0$ 位置处,由于少数载流子电子而产生的电流密度可表示为

$$J_{n_1} = eD_n \frac{\mathrm{d}\Delta p_n}{\mathrm{d}x} = eD_n \frac{\mathrm{d}}{\mathrm{d}x}\Big[G_L \tau_{n_0} - (G_L \tau_{n_0} + n_{p_0})\mathrm{e}^{-\frac{x}{L_n}}\Big]$$

将 $x = 0$ 代入上式,可得

$$J_{n_1} = \frac{eD_n}{L_n}(G_L \tau_{n_0} + n_{p_0}) = eG_L L_n + \frac{eD_n n_{p_0}}{L_n}$$

方程中的第一项 $eG_L L_n$ 代表稳态下的光电流密度;第二项 $\dfrac{eD_n n_{p_0}}{L_n}$ 代表由少数载流子电子引起的反向偏置饱和电流密度。以此类推,我们可以获得在中性 n 区与耗尽区边界的 $x' = 0$

位置处,由少数载流子空穴而产生的电流密度可写为

$$J_{p_1} = eG_{\rm L}L_{\rm p} + \frac{eD_{\rm p}p_{n_0}}{L_{\rm p}}$$

因此,对于一个长 pn 结二极管,其稳态下总的光电流密度为

$$J_{\rm L} = eG_{\rm L}W + eG_{\rm L}L_{\rm n} + eG_{\rm L}L_{\rm p} = e(W + L_{\rm n} + L_{\rm p})G_{\rm L}$$

这里有个重要假设:在稳态长二极管的整个结构中,过剩载流子的产生率相同。

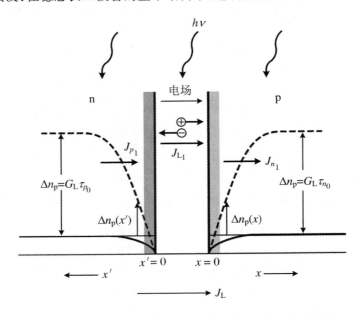

图 7.11　稳态下,光生少数载流子与反偏 pn 结中的光电流

　　这里我们可以看出总的光生电流密度中包含了由少数载流子各自向耗尽区扩散而形成的扩散电流,这种扩散电流的时间相对较慢,通常称光电流中的扩散电流成分为延迟光电流。不过需要特别注意,很少有长二极管,因此上述描述稳态下总的光电流密度公式将不适用于大多数光电二极管。

7.7　PiN 光电二极管

　　在许多光电探测器中,响应速度是很重要的。在空间电荷区中产生的瞬时电流是我们感兴趣的光电流;而中性区产生的扩散电流即延迟光电流,不是我们感兴趣的部分。为了增加光电探测器的灵敏度,耗尽区的宽度应该尽可能的大。而这里要介绍的 PiN 光电二极管正好可以满足这个要求。PiN 二极管是由一层"本征"(实际上是轻掺杂)I 层夹在重掺杂的p 区和 n 区之间所组成的三层结构,如图 7.12 所示。

　　实际上由于 I 层是轻掺杂,通常在零偏压下或者是小的反偏压下,就变成了全耗尽的,而 p⁺ 和 n⁺ 这些重掺杂区域的宽度则非常窄。该器件内部的耗尽区宽度实际上等于与外加反向偏压无关的 I 层厚度。假设 p⁺ 区入射的光通量为 φ_0,由于 p⁺ 层很薄,所以本征区的光

通量是距离的函数 $\Phi(x) = \Phi_0 e^{-\alpha x}$，其中，$\alpha$ 为吸收系数。由于 p^+ 和 n^+ 区域都是重掺杂，这意味着这些区域的少数载流子扩散长度相对要小，因此在 PiN 光电二极管中，大部分的光电流是由中间耗尽区产生的载流子组成的。此时耗尽区光电流密度即本征区光电流密度为

$$J_L = e\int_0^W G_L \mathrm{d}x = e\int_0^W \Phi_0 \alpha e^{-\alpha x} \mathrm{d}x = e\Phi_0(1 - e^{-\alpha W})$$

这里假设了空间电荷区没有电子-空穴的复合，并假设每一个吸收的光子产生一个电子-空穴对。

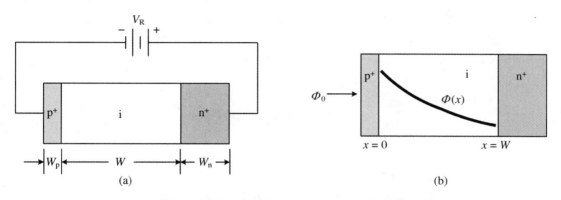

图 7.12　反偏 PiN 光电二极管(a)和非均匀光子吸收(b)的几何形状

7.8　发光二极管

正如前面章节所介绍的，光电探测器和太阳能电池是把光能转换成电能，也就是光子产生过剩电子和空穴，从而形成电流。而发光二极管是一种可以将电能直接转换为光能的半导体器件。它是由 p 型半导体和 n 型半导体组成的 pn 结，在正向偏置的条件下，导致 n 型一侧大量的多数载流子电子跨过降低的势垒，注入 p 型一侧的准中性区。同样，正向偏置电压也导致 p 型一侧的空穴也注入 n 型一侧的准中性区，随后这些注入的载流子发生直接的带与带间的复合，最后能量以光子的形式释放出去，这些光子一旦从二极管中逃逸，就成为了发光二极管所产生的光。通常采用异质结构建发光二极管，如图 7.13 所示。

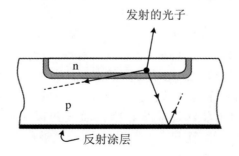

图 7.13　发光二极管的 pn 结处的光子发射示意图

电子通常从带隙较宽的 n 型半导体注入带隙较窄的 p 型半导体中，在 p 区复合发光。

由于 n 型半导体是带隙较宽的材料,因此发出的光从 n 区出来时,不会被 n 区半导体材料吸收,原因是其能量小于 n 区的禁带宽度。此时 n 区半导体材料相当于一个发光窗口,通常也沉积得比较薄。

发光二极管具有很多优点,如低电压、低功耗、高寿命、高亮度、颜色单一、响应速度快等。随着科技的不断发展,发光二极管的应用范围越来越广泛。目前,发光二极管已广泛应用于照明、显示、通信、生物医学等领域。发光二极管的发光颜色取决于半导体材料的种类和掺杂浓度。目前,市场上常见的发光二极管有红色、黄色、绿色、蓝色等。同时,由于发光二极管可以发出单色光,因此可以通过色彩混合的方式,制造出各种颜色的发光二极管灯。总之,发光二极管具有低功耗、高亮度、长寿命等优点,是一种十分重要的光电器件。随着科技的不断发展,发光二极管的应用前景仍然十分广阔。

7.9　激光二极管

激光二极管是一种将电能转换为激光光能的电子器件。激光二极管与发光二极管类似,也是由 p 型半导体和 n 型半导体组成的 pn 结构。激光二极管在正向电压下,电子和空穴在 pn 结区域内发生复合并发射出光子,形成激光。激光二极管的制造工艺与发光二极管类似,区别在于激光二极管需要在 pn 结区域内加入反射镜,形成激光谐振腔。激光二极管的应用领域十分广泛。例如,激光二极管可以应用于医疗领域,如用于激光手术、治疗神经疾病等;在工业加工领域,激光二极管可以用于激光打标、激光切割等;在军事领域,激光二极管可以用于制导、瞄准等。总之,激光二极管是一种重要的光电器件,在现代科技领域有着广泛的应用前景。

通常激光的发射,必须满足以下 3 个基本条件:① 形成分布反转,使受激辐射占优势;② 具有共振腔,以实现光量子放大;③ 至少达到阈值电流密度,使增益至少等于损耗。下面我们针对这些条件,分别论述它们的物理机理。

7.9.1　受激辐射

当入射的光子被吸收后,它会使一个电子从低能量状态 E_1 激发到高能量状态 E_2,这个过程我们称为感应吸收,如图 7.14 所示。如果电子自发地回到低能态,由于要释放多余的能量,所以它的这个跃迁过程可以释放出光子。一般来说,电子的跃迁过程或者光子的发射过程是随机的,它是一种自发跃迁过程或自发发射过程。自发发射过程的概率与位于高能态的电子数成正比。从统计学角度,电子在高能态上停留的统计平均时间是其平均衰减时间。但是,如果受到外界激发作用(例如光辐照),在适当条件下,处于高能态的电子并不需要等待一个平均衰减时间才发生跃迁并发射光子,而是可以在短得多的时间内发生跃迁并发射光子。这种情况下的电子跃迁和光子发射过程,分别被称为受激跃迁和受激发射(感应发射)过程。

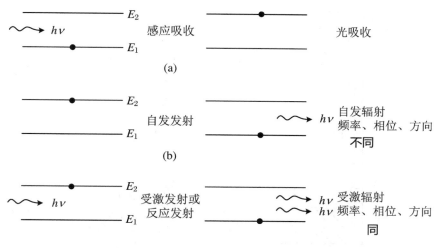

图 7.14　电子跃迁示意图

7.9.2　分布反转

当上述的系统处于恒定的辐射场作用下,随着频率为 ν_{12} 的光子流注入时,能级 E_1 及 E_2 之间的光吸收和受激辐射效应是同时存在的,而且从跃迁概率上来说,两者是相等的。但究竟哪一个过程占主导地位,主要取决于能级 E_1 及 E_2 上电子分布情况,假如处在高能级 E_2 的电子数大于处在低能级 E_1 的电子数,则在光子流 $h\nu_{12}$ 照射下,受激辐射将超过光吸收过程。这样的结果是由于系统发射的能量为 $h\nu_{12}$ 的光子数大于进入系统的相同能量的光子数,这种现象称为光量子放大。这时我们把处在高能级 E_2 的电子数大于处在低能级 E_1 的电子数的这种反常情况称为"分布反转"或"粒子数反转"。因此,要产生激光,必须在系统中造成分布反转状态。

下面我们讨论半导体中形成分布反转的条件。我们先考虑一个极端条件温度 $T = 0\,\mathrm{K}$ 时的情况。图 7.15 表示直接带隙半导体中态密度 $N(E)$ 与能量 E 的关系。该半导体的禁带宽度为 E_g。图 7.15(a)表示 $T = 0\,\mathrm{K}$ 时的平衡态的情况。这时价带均为电子填满(用斜线表示电子填充态),而导带则全部是空的。此时如果用能量大于禁带宽度 E_g 的光子来激发,使价带电子不断向导带底跃迁,进而产生非平衡载流子,电子和空穴的准费米能级分别为 E_{Fn} 和 E_{Fp}。设此时价带中从 E_v 到 E_{Fp} 的状态全部空出,而导带中从 E_c 到 E_{Fn} 的全部状态被电子填满,如图 7.15(b)所示。这样,在 E_{Fn} 到 E_{Fp} 的范围内(它超过了材料的禁带宽度 E_g),导带中占满电子,而价带却是空的。这就是 $T = 0\,\mathrm{K}$ 时的分布反转。不难看出,在分布反转情况下,如果注入光子能量 $h\nu$ 满足以下关系:

$$E_g \leqslant h\nu < E_{\mathrm{Fn}} - E_{\mathrm{Fp}}$$

就会引起导带电子向价带跃迁,产生受激辐射。注意上述讨论都是局限于温度 $T = 0\,\mathrm{K}$ 的情形。在此受激辐射过程中,显然将减少处于高能级的电子数,直至新的平衡态又重新建立,从而破坏了粒子数反转状态,为了保持系统的粒子数反转状态,需不断地将电子从低能态抽运至高能态,进而维持激光运转所必需的能量。这种泵浦电子的方法可以是电学的、热学的或者光学的等手段。

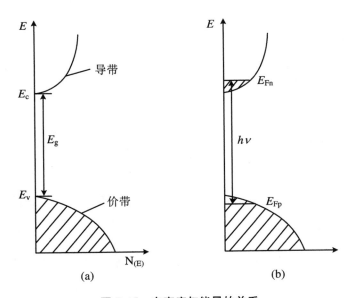

图 7.15　态密度与能量的关系

(a) 平衡态($T=0\,\mathrm{K}$);(b) 分布反转($T=0\,\mathrm{K}$)。

　　下面我们讨论 pn 结激光二极管产生激光的原理。为了实现分布反转,pn 激光二极管的 p 区和 n 区都必须重掺杂,一般希望载流子浓度高达 $10^{18}\,\mathrm{cm^{-3}}$。由于是重掺杂,所以当处于平衡态时,费米能级位于 p 区的价带及 n 区的导带内,如图 7.16(a)所示。此时,当施加一个正向偏压 V 时,pn 结势垒降低;n 区向 p 区注入电子,p 区向 n 区注入空穴。这时 pn 结处于非平衡态,其准费米能级 E_{Fn} 和 E_{Fp} 的距离为 qV,如图 7.16(b)所示。由于 pn 结是重掺杂的,平衡态时势垒很高,即使正向偏压可加大到 $qV>E_{\mathrm{g}}$,也还不足以使势垒消失。这时 pn 结区附近出现 $E_{\mathrm{Fn}}-E_{\mathrm{Fp}}>E_{\mathrm{g}}$,进而成为分布反转区。在这特定的区域内,导带的电子浓度和价带的空穴浓度都很高。这一分布反转区很薄,大约为 $1\,\mu\mathrm{m}$,这就是激光器的核心部分,称为"激活区"。

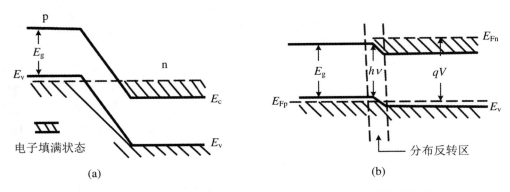

图 7.16　pn 结激光二极管在零偏压(a)、正偏压(b)下的能带结构图

　　由此可见,要实现分布反转,必须由外界输入能量,使电子不断激发到高能级。这种作用就是前面我们提到的载流子的"抽运"或"泵浦"。上述 pn 结激光器中,利用正向电流输入能量,这是常用的注入式泵源。此外,电子束或激光等也可作为泵源,使半导体晶体中的电子受激发,形成分布反转。采用这种电子束泵和光泵的半导体激光器的优点是可以激发大体积的材料。这对于那些难于制成 pn 结的材料尤其适用。

上述的讨论向我们展示了 pn 结激光二极管形成粒子分布反转的过程,下面我们讨论分布反转的粒子复合,产生激光的过程。图 7.17 是激活区内大量非平衡载流子辐射复合的示意图。

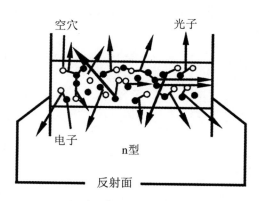

图 7.17 激活区辐射复合示意图

开始时非平衡电子-空穴对自发地复合,引起自发辐射,发射一定能量的光子。但自发辐射所发射的光子,相位各不相同,并向各个方向传播。大部分光子一旦产生,立刻穿出激活区;但也有一小部分光子严格地在 pn 结平面内传播,因而相继引起其他电子-空穴对的受激,产生更多能量相同的光子。这样的受激辐射随着注入电流的增大而逐渐发展,并逐渐集中到 pn 结平面内,最后趋于压倒性优势。这时辐射的光单色性较好,强度也较大,但其位相仍然是杂乱的,因而还不是相干光。要使受激辐射达到发射激光的要求,即达到强度更大的单色相干光,还必须依光学共振腔的作用,并使注入的电流达到一定的数值即阈值电流。下面我们分别对它们展开论述。

7.9.3 光学共振腔

共振腔由两个平行镜面组成,被称为法布里-珀罗共振腔。由于其正面反馈,所以该空腔可引起光强的积累。在 pn 结激光二极管器件中,如图 7.17 所示,两个解理面就是共振腔的反射镜面。一定频率的受激辐射,在反射面间来回反射,形成两列向相反方向传播的波,波相叠加后在共振腔内形成驻波。设共振腔长度为 l,半导体折射率为 n,$\dfrac{\lambda}{n}$ 是辐射在半导体中的波长,此时受激辐射在共振腔内振荡的结果是,只允许半波长整数倍正好等于共振腔长度的驻波存在,其条件是

$$m\left(\frac{\lambda}{2n}\right) = l$$

其中,m 是谐振模,表示腔长为 l 的共振腔中容纳的半波数的数目。m 是整数,不符合上述条件的波将逐渐损耗掉,而满足上式的系列特定波长的受激辐射在共振腔内形成振荡。

将上述公式对 λ 进行求导,可得 m 与 λ 之间的微分关系:

$$\frac{\mathrm{d}m}{\mathrm{d}\lambda} = -\frac{2ln}{\lambda^2} + \frac{2l}{\lambda}\frac{\mathrm{d}n}{\mathrm{d}\lambda}$$

于是，两个相邻谐振模之间波长间隔为（即图 7.18(b) 中两个相邻峰间距）

$$- \Delta\lambda = \frac{\lambda^2}{2ln} \left(1 - \frac{\lambda}{n} \frac{\mathrm{d}n}{\mathrm{d}\lambda} \right)^{-1} \Delta m$$

由于 m 是整数，故令 $\Delta m = -1$，就可得到 m 和 $m-1$ 两个相邻谐振模的波长间隔 $\Delta\lambda$。显然，波长间隔 $\Delta\lambda$ 仍然是波长 λ 和折射率 n 的函数，反映在发光光谱中，就是不同谱峰之间的间隔不均匀（图 7.18(b)）。

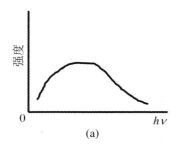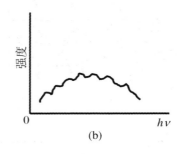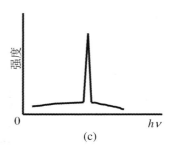

图 7.18　激光光谱分布曲线

（a）电流小于阈值电流时的自发辐射；（b）电流等于阈值电流时的受激辐射谱；（c）电流大于阈值电流时的受激辐射谱，此时出现很强的谱峰。

7.9.4　增益和阈值电流

在注入电流的作用下，一方面，激活区内受激辐射不断增强，这称为增益；另一方面，辐射在共振腔内来回反射时，有能量损耗，主要包括载流子吸收、缺陷散射及端面透射损耗等。如果用 g 和 α 分别表示单位长度内辐射强度的增益和吸收损耗，用 U 代表辐射强度，则有

$$\frac{\mathrm{d}U}{\mathrm{d}x} = gU$$

$$- \frac{\mathrm{d}U}{\mathrm{d}x} = \alpha U$$

其中，g 为增益系数；α 为吸收系数。显然 α 与半导体材料的掺杂浓度等有关；而增益的大小却取决于注入电流。当电流较小时，增益很小；电流增大时，增益也逐渐增大，直到电流增大到增益等于全部损耗时，才开始有激光发射。增益等于损耗时的注入电流密度，称为阈值电流密度 J_t，这时的增益为阈值增益 g_t。对增益和损耗的方程分别求解，可得

$$U(x) = U_0 \mathrm{e}^{gx}$$

$$U(x) = U_0 \mathrm{e}^{-\alpha x}$$

这里我们设反射面反射系数为 R，当达到阈值情况时，有

$$g_t l = \alpha l + \ln\frac{1}{R}$$

从而有

$$g_t = \alpha + \frac{1}{l}\ln\frac{1}{R}$$

上述式子中，l 为共振腔长度；$g_t l$ 代表增益；αl 代表吸收损耗；而 $\ln\frac{1}{R}$ 则代表端面透射损耗。由上述公式可知损耗越小，g_t 也越小，从而降低 J_t。

阈值电流密度 J_t 和阈值增益 g_t 是激光器的重要参数。要使激光器有效地工作,必须降低其阈值,主要途径是设法减少各种损耗。从上述讨论可知,要降低阈值,必须使吸收系数 α 减小,而使反射系数增大。因此,作为应用于激光器的半导体材料,必须选择完整性好、掺杂浓度适当的晶体;同时反射面尽可能达到光学平面,并使结面平整,以减少损耗,提高激光发射效率。

7.9.5 激光的光谱分布

图 7.18 是 pn 结激光二极管器件在不同注入电流下其发射的激光光谱分布图。当注入电流低于阈值电流时,辐射主要是自发辐射,谱线相当宽,如图 7.18(a)所示。随着注入电流的增大,受激辐射逐渐增强,谱线变窄。当注入电流接近阈值电流时,谱线出现一系列凸起的峰值,对应着不同的谐振模,如图 7.18(b)所示。这说明对应于这些峰值的特定波长,发生较集中的受激辐射。这些特定波长就是共振腔内形成的驻波波长,即满足公式 $l = m\left(\dfrac{\lambda}{2n}\right)$。随着注入电流的进一步增大,直到等于或大于阈值电流时,此时发生共振,对应于一特定的波长 λ_0(相应的光子能量为 $h\nu_0$),出现谱线很窄且辐射强度骤增的谱线,如图 7.18(c)所示。这时激光器发射出强度很大、单色性好($\Delta\lambda \approx 0.1$ nm)的相干光,这就是激光。激光波长 λ_0 随温度升高向长波长方向移动,这是由于禁带宽度 E_g 随温度升高而减小。

7.9.6 激光器件结构与特性

我们知道在同质结发光二极管中,光子可以向任何方向发射,这降低了其外量子效率。这里可以通过下面的方法来提高器件的特性:把发射的光子限制在一个三层双异质结构中,这样的器件称为双异质结激光器,其电绝缘的波导需要满足中心材料的折射率要比另外两个绝缘部分的大。由于 GaAs 具有非常高的折射系数,所以下面我们介绍基于 GaAs 的双异质结激光器,如图 7.19 所示。

双异质结激光器的基本结构如图 7.19(a)所示,在 p 型 GaAs 和 n 型 AlGaAs 两层之中还有一层很薄的 p 型 GaAs,如阴影部分所示。当我们在该激光器施加一个正偏压时,其简化的能级图如图 7.19(b)所示。电子从 n 型 AlGaAs 注入 p 型 GaAs 中。由于导带的势垒阻止了电子扩散到 p 型 AlGaAs 区中,所以分布反转很容易实现。注意在 p 型 GaAs 和 p 型 AlGaAs 之间有一个势垒,其电场方向是由 p 型 GaAs 端指向 p 型 AlGaAs 端。因此,从 n 型 AlGaAs 注入 p 型 GaAs 的电子,无法再注入 p 型 AlGaAs 端,因为该势垒阻止了电子的扩散。此时,受激辐射被限制在 p 型 GaAs 区中。由于 GaAs 的折射率比 AlGaAs 大,所以光波总是被限制在 GaAs 区中,进而很容易形成光学腔。当该二极管的电流大于其阈值电流后,就会产生带宽很窄的基波。如果用某种更宽的光波导来实现一个很窄的复合区域,那将会使激光二极管的特性有很大提高,特别是利用多层复合半导体材料的复杂结构来提高激光二极管的性能。

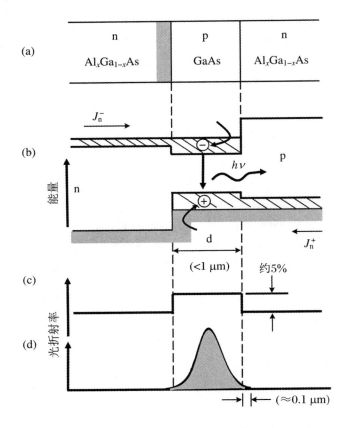

图 7.19   基于 GaAs 的双异质结激光器的结构和性能图

（a）双异质结的基本结构；（b）正偏下的能带图；（c）整个结构折射率的变化；（d）光在电绝缘波导上的限制。

第 8 章　高压功率器件

　　功率器件是指用于控制、放大、开关、调节高电压和大电流的半导体器件。功率器件主要包括功率管、功率晶体管、绝缘栅双极型晶体管（IGBT）、金属氧化物半导体场效应晶体管等。功率器件被广泛应用在不同功率水平下运行的各类仪器中，一般分为如下几类：第一类，低工作电流（通常低于 1 A）水平的应用，例如显示驱动器，一般需要能耐受 300 V 电压的晶体管。第二类，电路工作电压相对小（<100 V）的应用，例如，汽车用电子设备，应用于台式机和笔记本电脑的电源供给。由于硅功率金属氧化物半导体晶体管具有导通电阻低、开关速度快等特点，它们在此类应用中展现出了极佳的性能。第三类，在高工作电压（>200 V）下的应用，其典型的例子就是常用照明的灯镇流器、带有电动机的家用电器以及电动汽车驱动器。而硅功率金属氧化物半导体晶体管中，其导通电阻对于此类应用显得过大。因此，该类应用需要诸如硅绝缘栅双极晶体管，它结合了 MOSFET 和双极晶体管两方的物理结构特点。第四类，超高工作电压（>5 kV）的应用，例如，钢铁厂中的大功率电动机的控制、牵引和高压直流输配电。

　　功率器件必须达到最小化功耗，并且能够控制功率向负载端流动。器件内部的功耗会产生热量，导致结温度上升，进而损害其电学特性，有时可能会导致破坏性的热击穿。器件中的功耗同样也会降低整个系统的效率。系统的负载可以是阻性的（例如加热器和灯丝），也可以是容性的（例如变频器和液晶显示器）。通常情况下，向负载输送的功率是通过周期性地打开功率开关，产生由控制电路调节的脉冲电流来控制的。

　　优秀的功率器件应当能够在最小化综合功耗的同时实现最大效能。选择合适的功率器件需要考虑栅极控制电路和器件失效保护所需的缓冲电路的成本。功率器件 MOSFET 的出现降低了通态和开关过程的功耗。高阻断电压器件的发展可降低系统中需要串联的器件数量，满足高电压工作要求。减少系统中串联的功率器件可以大幅度降低成本，因为栅极驱动信号电平移动和电压共享网络的成本较高。

8.1　功率 MOSFET

　　功率 MOSFET 的基本工作原理与其他 MOSFET 一样。但是这些功率管的电流处理能力通常在安培数量级，并且源、漏间的夹断电压可能会在 50～100 V 或更高的范围内。功率 MOSFET 的优点之一是控制信号加在栅极，而栅极的输入阻抗非常大，甚至在开态和关态之间转换时，栅电流也很小，所以非常小的控制电流就可以转换成相对很大的电流。通常在导电沟道非常宽的 MOSFET 中，能获得大电流。功率 MOSFET 器件有两种基本的结构。第一种是双扩散晶体管（DMOS 器件），如图 8.1 所示。

该 DMOS 器件采用双扩散工艺：p 型基区或 p 型衬底和 n⁺ 源区接触，通过栅的边缘所确定的窗口进行扩散而形成。p 型基区要比 n⁺ 源区扩散得更深些。p 型基区和 n⁺ 源区横向扩散距离的不同决定了表面的沟道长度。电子进入源区电极，从栅极底下的反型层横向漂移至 n 型漂移区。然后电子从 n 型漂移区垂直地漂移至漏区电极。只有对 n 型漂移层适度掺杂，才会让漏区的击穿电压足够大。同时需要 n 型漂移区的厚度尽可能减薄，这样保证漏极阻抗（即导通电阻）最小。

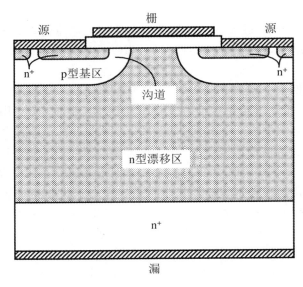

图 8.1　双扩散 DMOS 晶体管的横截面

第二种基本结构是 VMOS 结构（垂直沟道 MOS），如图 8.2 所示。垂直沟道 MOS 功率器件是一种非平面结构，它需要一种不同类型的制造工艺。在这个工艺中，p 型基区或衬底的掺杂是在整个表面上形成的，接着进行 n⁺ 源区扩散，接着延伸至 n 型漂移区，做成一个 V 形槽（可通过化学溶剂腐蚀获得）。栅氧化层生长在 V 型槽上，然后在氧化层上沉积金属。在基区或衬底区上产生电子反型层，从而使得源、漏之间形成一种垂直电流。相对较低浓度

掺杂的 n 型漂移区会维持漏区电压，因为耗尽层主要扩展进入这个低掺杂区。相对其他双极功率晶体管，功率 MOSFET 器件具有的更为出色的性能如下：更短的开关转换时间；无第二次击穿效应（是一种功率晶体管的击穿效应，它是由高温产生的一种热漂移现象）；在一个更宽的温度范围内有稳定的增益及响应时间。

8.2　绝缘栅双极型晶体管

绝缘栅双极型晶体管（IGBT）是一种三端功率半导体器件，由 p 型控制区、n 型漏极区和 n⁺ 型源极区组成。IGBT 器件结构相对简单，操作方便，能承受大电压、大电流和高频率的工作环境。IGBT 器件的特点是具有高输入阻抗、低漏电流、低饱和压降、高开关速度和

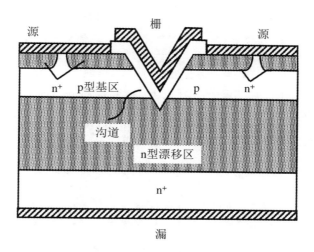

图 8.2　垂直沟道 MOS(VMOS)示意图

可控性好。IGBT 器件的工作原理是在输入信号作用下,通过控制极引入少量载流子,使得从 n 型区到 p 型区的正向电压出现,从而使 pn 结的空穴和 n⁺ 区的电子大量注入 p 区,形成一种电荷注入状态,进而引出 pn 结的电流;当控制电压下降到一定范围内时,空穴和电子会发生大量复合,从而使得电流急剧下降,这个时候 IGBT 器件相当于一个关闭的开关。IGBT 器件的特性使得它广泛应用于变频器、UPS 和电力电子等领域。

绝缘栅双极型晶体管的结构如图 8.3 所示,它是由一种半导体可控整流器和 MOSFET 组合而成的器件,它通过 MOSFET 的栅控作用将 n⁺ 阴极和 n⁻ 基区接通或断开。注意:这里 p 区表面即为 MOSFET 的导电沟道,该沟道长度是由 p 区表面的宽度来决定的。它是由离子注入经过扩散后形成的,而不是像通常 MOSFET 那样由删区的光刻决定的。这样形成的 MOSFET 就是前面提到的双扩散 MOSFET(DMOS)。绝缘栅双极型晶体管的主体部分是在 p⁺ 衬底上外延生长的 n⁻ 轻掺杂区,它是 DMOS 的漏区,厚度约 $50~\mu m$,掺杂浓度约 $10^{14}~cm^{-3}$ 量级。重掺杂的 p⁺ 衬底是绝缘栅双极型晶体管的阳极。在阻断态,主体部分(n⁻ 轻掺杂区)可承受很高的电压降,因而绝缘栅双极型晶体管阻断电压很高。在导通态,由 n⁺ 阴极注入的电子和由 p⁺ 阳极注入的空穴使得 n⁻ 区发生电导调制,其中的压降很小,因而绝缘栅双极型晶体管的通态压降很低。

在绝缘栅双极型晶体管中,栅极作用主要是在 p 区表面诱导形成反型层。当栅压为零或低于 DMOS 的阈值电压时,p 区表面的反型层尚未形成,此时整个绝缘栅双极型晶体管器件处于阻断状态。由于 n⁻ 区是轻掺杂区,所以整个绝缘栅双极型晶体管可以承受很大的电压降。此时无论阳极偏压的极性如何,通过整个器件的电流都很小,直至发生雪崩击穿。如果阳极偏压极性为正,则 pn 结中的反向偏压出现在 n⁻ 和 p 之间的 pn⁻ 结上,而 p⁺n⁻ 结上此时是正向偏压,所以是 pn⁻ 结发生击穿现象。如果阳极偏压极性为负,则正向偏压出现在 n⁻ 和 p 之间的 pn⁻ 结上,而 p⁺n⁻ 结上此时是反向偏压,所以是 p⁺n⁻ 结发生击穿现象。

从以上讨论可以看出,绝缘栅双极型晶体管利用了 MOSFET 和双极晶体管(BJT)的各自优点,既有 MOSFET 输入阻抗高和输入电容小的优点,又有双极晶体管通态电阻小和电流处理能力强的优点。另外,绝缘栅双极型晶体管更容易实现栅控关断。正是由于这些优点,它正在逐渐取代传统的大功率器件。

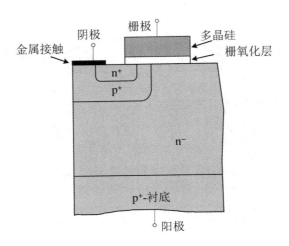

图 8.3　绝缘栅双极型晶体管结构示意图

8.3　碳化硅 PiN 二极管高压器件

PiN 二极管是一种特殊的二极管,它的结构是:在 p 型半导体上生长一层中性半导体(intrinsic)和一层 n 型半导体,从而形成了一个 PiN 结构。当 PiN 二极管处于正向偏置状态时,电子会从 n 型半导体区域流入中性区域,在中性区域中,电子和空穴会发生复合,从而产生电荷密度分布。由于 PiN 二极管的中性区域很宽,电荷密度分布很大,因此具有很高的灵敏度。由于其具有高电压、大电流和低损耗等优点,因此被广泛应用于高频电子领域。采用传统的硅半导体材料制作的高压 PiN 整流二极管只能在低于 20 kHz 和 120 ℃的条件下工作,这限制了整流二极管在电力网、能量储备、脉冲电源、智能机械和超高电压固态电源等领域的应用。这些应用需要高压、高频和高温二极管来满足系统尺寸合理的要求。

碳化硅 PiN 二极管在这些高压应用中扮演着重要的角色,因为它具有比硅器件高 2 到 3 个数量级的开关速度、高结温承受能力、高电流密度和更高的功率密度。与硅器件相比,碳化硅 PiN 二极管的性能优越性包括:① 击穿电场提高了一个数量级;② 碳化硅材料具有 3 倍高的禁带宽度;③ 高于硅 3 倍的热导率。高的击穿电场使得碳化硅功率器件可以采用更薄且掺杂浓度更高的阻挡层。更大的禁带宽度使器件拥有更高的工作稳定性和更好的抗辐射能力。碳化硅的高热导率(4.9 ℃/W)能迅速将器件上的热量散发出去,因此对于一定的结温,器件可以获得更大的功率。碳化硅的内建电压是硅器件的 3 倍,但导通压降随温度上升而减小,因此工作在 500 ℃的碳化硅 PiN 二极管与工作在室温下的硅基 PiN 二极管相比,压降差减小到一半左右。另外,碳化硅材料一个重要的特性是间接带隙,因此使用质量很高的碳化硅材料制作的双极器件,具有高的载流子复合寿命。

为了提高能量转换系统的效率并降低成本,进一步减小其体积和质量,就必须减小器件工作时产生的热量。整流器中大部分的热量是在开启时或转换瞬间产生的。碳化硅功率二极管可以分为多数载流子二极管(肖特基二极管)和少数载流子二极管(PiN 二极管)。肖特基二极管的开态导通特性取决于掺杂浓度和多数载流子的迁移率,而 PiN 二极管则取决于电导调制。肖特基二极管具有很高的开关速度,虽然在低电流密度下正向压降很低,但在高电流密度下压降会迅速增加。因为碳化硅功率二极管是用于高温条件的,所以正向压降会呈指数增长;电压阻挡层的开态电阻随击穿电压呈指数增长。另外,在高电流密度工作时,双极 PiN 二极管有低的正向压降,但是相对于肖特基二极管有更高的开关损耗。因此,在设计碳化硅功率二极管器件时,需要综合考虑开启压降和开关损耗,如果只考虑开启压降,PiN 二极管可能比肖特基二极管更具吸引力,因为 PiN 二极管有更低的开启电压(注意这里指高电流密度状态)。

在制造碳化硅 PiN 二极管中,采用了 n^- 外延层(低掺杂而且厚)生长在 n^+ 外延缓冲层上的晶片,并通过应用高掺杂的外延层或离子注入铝、硼杂质形成 p^+ 阳极区,如图 8.4 所示。与离子注入 PiN 二极管相比,具有 p^+ 高掺杂外延层阳极的 PiN 二极管具有更低的开态压降,这是因为高的 p 型杂质的活性决定了向厚的低掺杂外延层注入载流子的效率(效率高,所以开启电压低)。这种二极管的阻断电压由两点决定:① 提供阻挡电压的外延层(本征区域)的掺杂浓度和厚度(本征区厚度越厚,阻断电压越大);② 器件制造的终端技术。总之,载流子的输运能力取决于器件的本征层区域(即载流子在本征区域输运效率)和少数载流子寿命(因为 PiN 二极管就是少数载流子主导)。由于器件反偏工作时保持高电场,因此减少衬底缺陷就显得十分重要。

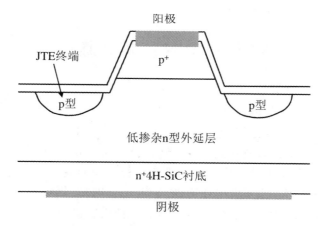

图 8.4　具有重掺杂阳极层的高压碳化硅 PiN 整流二极管的示意图

这里注意,为了实现 PiN 二极管高的击穿电压,重要的设计是 n^- 外延层掺杂浓度的大小和厚度。当该器件处于反偏时,最大电场出现在 p^+/n^- 结处,而且 n^- 外延层(指图 8.4 中的低掺杂 n 型外延层)中的电场梯度由掺杂决定,电场延伸的区域由其厚度决定。另外,本征层厚度等于或大于平行平面雪崩击穿宽度的设计,称为非穿通设计。本征层的厚度可由基本的耗尽公式得到:

$$\delta = \frac{\varepsilon \xi_c(N_D)}{qN_D} - \sqrt{\left[\frac{\varepsilon \xi_c(N_D)}{qN_D}\right]^2 - \left(\frac{2\varepsilon V_B}{qN_D}\right)}$$

其中,V_B 是器件的关断电压;δ 是外延层厚度;N_D 是外延层掺杂浓度;q 是基本电荷;ε 是碳化硅的介电常数;$\xi_c(N_D)$ 是本征层掺杂浓度表示的临界场。

为了使得碳化硅 PiN 二极管具有低的开态压降,重要的是在低掺杂的厚碳化硅外延层中实现高载流子寿命,这样就保证了该器件低的开态电压(开启电压)。从上面的讨论,我们知道如果设计具有一定的击穿电压的碳化硅 PiN 二极管,那么就需要换算出该器件低掺杂本征层的厚度(δ),但同时又需要明确此时本征层中的载流子寿命,因为它决定了该器件的低开态电压。低掺杂厚外延层中载流子寿命通常由以下几个关键限制因素决定:① 外延层补偿掺杂的种类;② 金属杂质;③ 生长过程及之后的外延层形貌;④ 外延层厚度和掺杂浓度的均匀性。PiN 二极管开启电压主要由下面几个部分组成:

$$V_F = V_{p^+ \text{Contact}} + V_M + V_{p^+ n^-} + V_{n^+ n^-} + V_{\text{Sub}}$$

其中,V_F 表示 PiN 二极管开启电压;$V_{p^+ \text{Contact}}$ 代表 p^+ 区域跟金属电极的接触电阻的压降;V_M 是中间本征区域的压降;$V_{p^+ n^-}$ 和 $V_{n^+ n^-}$ 分别是 $p^+ n^-$ 和 $n^+ n^-$ 结上的压降(注意这些结都是有内建电场的,所以就有压降);V_{Sub} 是衬底的电阻压降。

本征层的压降由 PiN 二极管的本征层载流子调制范围决定。$V_{p^+ n^-}$ 和 $V_{n^+ n^-}$ 的大小取决于 n^- 层两端少数载流子浓度。假设处于一个高注入水平,通常 PiN 二极管的总开启电压 V_F 可以近似估算为碳化硅 $p^+ n^-$ 结的开启电压。本征层更高的载流子寿命可以产生更好的电导调制,进而使得总开态压降更接近 $p^+ n^-$ 结内建压降。其实 PiN 二极管器件除了想获得低的开态压降,同时也想获得高的击穿电压。要想获得高的击穿电压,就需要有厚的本征外延层,而加厚的本征外延层又会影响载流子的寿命,进而影响器件的开态压降,所以在设计该类器件时,需要优化相关参数,使其性能达到最佳。

8.4　碳化硅 PiN 二极管微波器件

微波二极管(microwave diode)在微波电路中有许多不同的应用,例如,用于微波发射机和接收机、微波放大器、微波开关等。微波二极管的工作原理类似于普通二极管。它由一个 pn 结构成,但是与普通二极管不同的是,微波二极管的 pn 结的尺寸和掺杂浓度都被特别设计,以便满足其在高频率下的工作要求。具有这种结构的微波二极管通常在导通状态下具有低的电阻和高的电容。当正偏电压施加到 pn 结上时,二极管导通,电流流过二极管并产生微波信号。微波二极管有许多优点,例如,它们能够在高频率下工作,具有高的效率和低的噪声水平。它们还可以用于高速开关和电压调制器。微波二极管的应用非常广泛,例如在雷达系统中,它们可以用于探测回波信号,而在无线通信系统中,它们可以用于产生微波信号和放大微波信号。虽然微波二极管在高频率下具有许多优点,但也存在一些限制。例如,它们往往需要特殊的材料和工艺来制造,这会增加制造成本。此外,它们也可能受到热噪声和其他干扰信号的影响,这可能会降低性能。

碳化硅以其独特的电学和热学特性,使其在微波功率器件领域的应用具有很大的优势。与传统半导体材料相比,碳化硅具有非常高的击穿电场、禁带宽度,高的电子饱和速度以及高热导率等优点;当然,其缺点就是电子迁移率相对较低。研究已经证实,碳化硅比硅和GaAs 更适合应用于微波器件制造方面,因为制造这类器件需要相对较高的击穿电压和高功率。目前碳化硅二极管在微波频段的应用可从 100 MHz 到 1000 GHz,包括了毫米波(30~300 GHz)和亚毫米波(大于 300 GHz)频段。

点接触式探测二极管是发展较早的器件之一,它是将金属点压在半导体表面的简单结构。1906 年,Henry Harrison Chase Dunwoody 设计了一种无线电报系统,它应用了一种探测无线电波的碳化硅晶体,叫作"微波响应器",如图 8.5 所示。

通常这种探测器的晶体表面点接触通过很小的导线(触须线)连接,而另一端的大面积接触通常采用低熔点合金连接。碳化硅探测器需要电压偏置,而且灵敏度比方铅矿低,但是它的机械稳定性能高,可以被调制和焊接封装在管壳中。通过这种方法制造的器件可以看成点接触肖特基二极管。这种采用传统半导体材料制造用于混频器或探测器的二极管,仍然是微波接收器中广泛应用的半导体器件。然而这种碳化硅"微波响应器"的工作频率只有 100 kHz,与微波频率范围相差甚远。即使这样,它还是被称为碳化硅微波二极管的先驱。

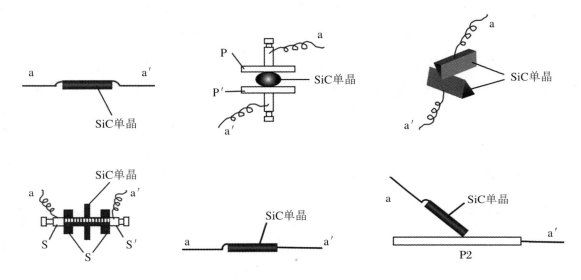

图 8.5 几种微波敏感器件

在微波电路的调幅、衰减和均衡应用中,PiN 二极管是广泛使用的半导体器件之一。不同于 pn 二极管,PiN 二极管在重掺杂的 p 和 n 层之间,放置掺杂浓度很低的或者本征材料。这样在器件反偏时,放置的掺杂浓度很低的或者本征材料 i 区可以承受很高的击穿电压。PiN 二极管的电容 C_J 随 p 型和 n 型层之间的距离增加而减小,并在很宽的反向电压范围内保持不变。

PiN 二极管正偏时,i 区的电导受两端载流子注入调制,i 区的厚度必须小于电子、空穴的扩散长度。这也就意味着可以假设整个 i 区电子、空穴浓度是一致的。假设 i 区的掺杂浓度非常低,与注入载流子浓度相比,可以忽略,载流子复合全部发生在 i 区。直流偏置完全补充了复合减少的载流子。这时通过 p^+ 与 i 区边界处的电流完全是由空穴提供的,可表示为

$$I_F = A\frac{qpd}{\tau_h}$$

其中,p 为 i 区中空穴浓度;δ 为外延层 i 区厚度;A 是二极管面积。类似结果有

$$I_F = A\frac{qn\delta}{\tau_e}$$

其中,n 为 i 区中电子浓度。这时,i 区的电阻 R_i 可表示为

$$R_I = \frac{d}{Aq(p\mu_h + n\mu_e)} = \frac{kT}{qI_F} \cdot \frac{d^2}{D_h\tau_h + D_e\tau_e} = \frac{kT}{qI_F} \cdot \frac{d^2}{W_h^2 + W_e^2}$$

其中，W_e 和 W_h 代表电子和空穴的扩散长度。由上述公式我们可以看出，二极管正偏时的电阻 R_i 与电流 I_F 成反比，而且与有源区面积和 i 区掺杂水平无关。该电阻 R_i 与 i 区厚度 δ 不成正比，而是与 δ^2 成正比。而反偏 PiN 二极管的静态截止频率 f_C 可以描述为

$$f_C = \frac{1}{2\pi R_s C} = \frac{\delta}{2\pi R_s \varepsilon\varepsilon_0 A} \leqslant \frac{\sqrt{D\tau}}{2\pi R_s \varepsilon\varepsilon_0 A} \cdot \frac{\sqrt{D\tau}}{\varepsilon}$$

其中，C 为电容；D 为扩散系数；τ 为双极时间（$\tau_e + \tau_h$）；i 区厚度不能超过扩散长度 $\sqrt{D\tau}$。由于 i 区全部耗尽，二极管的串联电阻 R_s 只包括欧姆接触、衬底、重掺杂 p^+/n^+ 区电阻。由于碳化硅的扩散长度小于硅的扩散长度，因此由上式截止频率公式可知，碳化硅 PiN 二极管可以在更低的频率下工作。实际上微波功率受最大微波振幅电压 V_1 限制，即

$$P_M = \frac{V_1^2}{2X_C} \leqslant \frac{1}{2X_C}\left(\frac{1}{2}V_M\right)^2 = \frac{1}{2X_C}\left(\frac{dF_M}{2}\right)^2 \leqslant \frac{1}{2X_C}\left(\frac{\sqrt{D\tau}F_M}{2}\right)^2$$

其中，X_C 为电抗；V_M 为击穿电压；F_M 为击穿电场强度。PiN 二极管的极限（最高）微波功率由下式给出：

$$P_M X_C \leqslant \frac{D\tau F_M^2}{8}$$

另外，PiN 二极管的开关时间（τ_r）定义为 i 区中电子-空穴对的寿命，可以估算为 $\tau_r \leqslant \frac{d^2}{D}$。

如果 PiN 二极管的额定最大偏压为 V_0，则 i 区厚度应大于 $\frac{V_0}{F_M}$，开关时间可以表示为

$$\tau_r \leqslant \frac{V_0^2}{DF_M^2}$$

第 9 章　器件微纳加工技术

集成电路是一种微型电子器件,即利用一定的工艺将包含三极管、二极管、电阻、电容等元件及其相互连接的整个电路,集中制造在一个或几个很小的芯片(例如半导体晶片)上,然后再经过点焊引线和封装,成为具有所需功能的微型结构。每片芯片上集成的元件数称为集成度。提高集成电路的集成度已经成为集成电路进一步发展的技术关键。先进超大规模硅基集成电路的制造过程是一个庞大的系统工程,它包括 5 个制造阶段:① 硅单晶的生长、滚圆、切片及抛光等工序;② 硅片的清洗、成膜、光刻、刻蚀和掺杂等工序;③ 测试识别有缺陷的芯片,使其不进入后道工序;④ 将硅片切割成芯片、点焊引线和包封、金属陶瓷等对器件的封装;⑤ 对每个完成封装的集成电路进行测试,确保芯片功能和质量。

综上所述,集成电路的制造过程是一个复杂的工艺流程,需要高精度的设备和技术支持。随着技术的不断进步,集成电路的制造工艺也在不断改进和创新,从而推动着整个电子行业的发展。

这里我们重点论述微纳加工技术。它是制作微米和纳米尺寸微小结构的加工技术的总称,包括光刻技术和非光刻技术。典型的光刻技术有光学曝光光刻、电子束光刻、X 射线光刻、离子束光刻、等离子体光刻等。非光刻技术包括机械加工、化学组装及纳米压印技术,下面我们展开讨论。

9.1　光学曝光技术

光学曝光光刻是指利用特定波长的光进行辐照,将掩膜版上的图形转移到光刻胶上的过程。利用光刻胶和光刻机对晶圆表面进行图案化的处理,从而形成微细的电子器件结构。首先,光学曝光光刻需要用到光刻胶,它是一种类似于胶水的物质。在光刻胶的表面上覆盖一层光掩膜(也称为掩模),然后让光照射在掩模上,这样就可以在光刻胶层中形成一个图案。其次,需要使用到光刻机。光刻机一般包括曝光系统、显影系统和清洗系统。曝光系统是将光照射在光刻胶表面的部分,确定了微细结构的形状和大小。显影系统是将光刻胶表面未被曝光的部分溶解掉,留下图案化的部分。清洗系统则是清洗掉未被显影的光刻胶和其他杂质,保证微细结构的精度和质量。最后,光学曝光光刻需要用到光源、掩模、光刻胶等设备和材料。其中,光源需要具备高亮度、高稳定性和足够的光照强度;掩模则需要具备高精度、高分辨率和高对比度;光刻胶需要具备高分辨率、高敏感度和良好的显影性能。光学曝光光刻技术是一个复杂的物理化学过程,具有大面积、易操作、低成本、高分辨率、高精度和高可重复性等优点,是微电子器件制造中不可或缺的工艺步骤。但是受到光衍射极限的限制,采用常规的光学曝光工艺无法直接实现纳米尺度图形的加工。为适应器件尺寸从微米逐渐向纳米尺度的发展,光学曝光所采用的波长也从近紫外(NUV)区的 436 nm、365 nm 进入深紫外(DUV)区的 248 nm、193 nm,特别是相继发展了 193 nm 浸没式曝光技术及 13.5 nm 的极紫外曝光技术(EUV)。为满足纳米科技的发展,提高光学曝光的加工精度用于微纳米结构与器件的制备,已成为科研和产业界共同关注的问题,并取得了进步。

光学曝光设备的基本组成包括光源系统、掩模板固定系统、样品台和控制系统。光源是设备中最重要的组成部分,通常采用不同波长的单色光。目前先进的光学曝光系统中,一般采用激光器获得不同波长的光源。高性能激光器具有输出光波波长短、强度高、曝光时间短、谱线宽度窄、色差小、输出模式多、光路设计简单等特征。光学曝光模式分为接触式曝光、接近式曝光和投影式曝光,如图 9.1 所示。

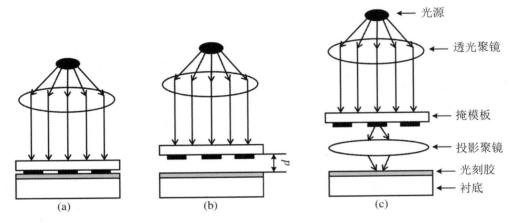

图 9.1 光学曝光模式示意图

(a) 接触式曝光;(b) 接近式(光刻胶与掩模板之间有间隙)曝光;(c) 投影式曝光。

接触式曝光是在掩模对准式曝光机上完成的,设备简单,易于操作。接触式曝光制备的图形具有较高的保真性和分辨率,不足的地方是衬底与掩模板之间需要直接接触,它会加速掩模板失效,缩短其寿命。而接近式曝光技术中,衬底和掩模板之间存在几微米到几百微米的间隙,这样克服了接触式曝光对掩模板的损失,但是接近式曝光的分辨率有所降低。另外,在接近式曝光技术中,由于光衍射效应比较严重,从而影响了曝光图形的分辨率。而投影式曝光技术(图 9.1(c))是指掩模图形经过光学系统成像在光刻胶上,掩模板与衬底光刻胶不接触,从而不会出现掩模板的损失和光刻胶对掩模板的污染。该技术的成品率和准、精度都比较高。但是投影曝光设备复杂,技术难度高,因而不适用于实验室研究和低产量器件产品的加工。

上述光学曝光技术都是以光刻胶为中间媒介实现了图像的变换、转移和处理,最终把图像信息传递到衬底上。其一般的流程如下:

1. 表面处理与预烘烤

在衬底上旋涂光刻胶之前,首先需要对衬底表面进行处理,除去表面的污染物及水蒸气。通常是使用化学或物理的方法对衬底进行去污处理,例如在 $100\sim200\ ^\circ\text{C}$ 的热板或烘箱里进行烘烤,实现衬底表面除湿,进而增强光刻胶与衬底表面之间的黏附性,大大降低后续工艺中光刻胶图形从衬底上脱落的现象。对于表面亲水性衬底材料,例如 SiO_2、Si_3N_4 等,预烘烤尤为重要。

2. 光刻胶的旋涂

旋转涂胶一般经过滴胶、低速旋转、高速旋转这几个步骤。每种光刻胶都有不同的灵敏度和黏度,从而需要采用不同的旋转速率和旋转时间与之对应。烘干的温度和时间、曝光的强度和时间、显影液类别和显影条件也不尽相同。之所以选择不同的旋转速率,是因为胶滴在衬底上之后,需要用低的旋转速率,使得光刻胶在衬底表面向外扩展,要避免过快的转速使得光刻胶无法均匀地覆盖在衬底表面。之后再进行加速,加速度越快则胶层越均匀。一般光刻胶的黏度越低,旋转速度越快,则得到的光刻胶的涂层厚度就越薄。

3. 前烘

前烘的目的包括除去光刻胶中的溶剂、释放光刻胶膜内的应力及防止光刻胶被污染等。刚旋涂好的光刻胶层中含有较多的有机溶剂,通过烘烤可使衬底表面的胶层固化。不同的光刻胶具有不同的前烘温度和时间。通常负胶与厚胶所需的前烘时间较长。如果前烘不足,光刻胶中溶剂蒸发不充分,这将导致在光照过程中阻碍光对胶的作用,并且影响其在显影液中的溶解度。但是烘烤过度会减弱光刻胶中感光成分的活性,同样也会影响图形质量。

4. 对准与曝光

经过前烘处理后,就可以进行曝光了。通常对准分为预对准、单面层间对准(也叫作套刻)、正反面双面对准三种。在衬底上进行第一次图形制备时,需通过样品台的移动,使需要加工的图形尽可能地分布在衬底有效面积内(这称为预对准)。如果需要套刻,则第一次曝光时需将掩模板上的对准标记完整地转移到衬底上。之后在第二次曝光时,将衬底放置在掩模板上所需加工图形的下方,通过样品台移动,使衬底上的对准标记(第一次曝光制备的)与掩模板上的对准标记对准。对准完毕后,利用设定的曝光参数进行曝光操作。

5. 后烘

后烘是指在曝光之后,显影之前,对样品进行烘烤的一个步骤。其目的是通过后烘,诱导级联反应,产生更多的光酸,从而使得光刻胶的曝光部分变成更可溶(指正胶)或者更不可溶的物质(指负胶)。当然,后烘也会导致光刻胶中的光活性物质横向扩散,在一定程度上会影响光刻胶上图形的质量。所以后烘这个步骤,根据具体情况的需求来定,它并不是一个必要的步骤。

6. 显影

显影是指光刻胶在曝光后,放进特定的溶液中进行选择性腐蚀的过程,即显影过程中,正性光刻胶(简称正胶)的曝光区域被溶解,进而发生从衬底脱落的现象;负性光刻胶(简称负胶)的未曝光区域会被溶液溶解,但其曝光区域反而不会被溶解,留存衬底上。显影结束后,用蒸馏水或去离子水清洗衬底,用干燥气体吹干即可,最终在衬底光刻胶获得所需图形。通常显影液为有机胺或者无机盐(氢氧化钾)配制而成的水溶液。

7. 金属或非金属材料沉积镀膜

利用真空材料沉积镀膜技术,在显影定影后的光刻胶上,进行材料的镀膜。常用的镀膜方法包括磁控溅射、电子束蒸发等。衬底经过镀膜过程,如果衬底使用的是正性光刻胶,此时部分材料沉积于衬底光刻胶表面,而部分材料直接沉积在衬底表面(因为此时曝光部分的光刻胶已经在显影过程中被溶解了,所以就直接把衬底表面裸露出来了)。

8. 去胶

衬底完成了材料镀膜之后,就需要进行去除光刻胶的步骤。通常去胶分为湿法和干法两种。湿法是用各种酸碱类溶液或有机溶剂将胶层腐蚀掉。常用的溶剂有硫酸与过氧化氢的混合液(3∶7),而最普通的是丙酮溶液,它可以溶解绝大多数光刻胶。

下面介绍光刻掩模板的设计与制作。普通的光刻掩模板由透光的材料(石英玻璃)和不透光的金属吸收层(常用的是金属 Cr)组成。制备掩模板之前,需要根据实际器件、电路等特征,通过计算机图形辅助设计、模拟验证后,由图形发生器产生数字图形,然后利用刻蚀技术,将此类数字图形转移到金属层上,进而形成透光和不透光区域。这样掩模板就制备成功了,后续就可以用于上述介绍的芯片电路的设计加工了。

芯片电路加工过程中,常常需要用到光刻胶,它是非常重要的用来实现芯片图形变换的中间媒介。光刻胶是指光照后,能改变抗刻蚀能力的高分子材料,它的主要成分是树脂、感光化合物,以及能控制光刻胶机械性能并使其保持液体状态的溶剂。在曝光过程中,树脂的分子结构会发生改变,感光化合物控制树脂定向的化学反应速率,溶剂使胶能在衬底上旋涂并形成薄膜。光刻胶通常分为正胶和负胶。正胶指在光照下,主要以断链反应为主,并且光照后发生降解反应,可溶于特定的显影液(未曝光部分不会溶于显影液),因而显影后光刻胶图形与掩模板上金属图形一致;而负胶指在光照下,以交联反应为主,曝光部分不会被显影液溶解,而未被曝光部分会被显影液溶解,所以显影后光刻胶图形与掩模板上金属图形相反,如图 9.2 所示。

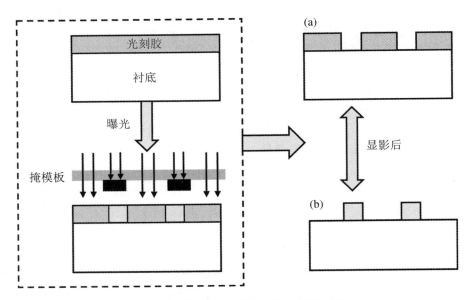

图 9.2　正胶(a)和负胶(b)显影成型示意图

9.2　电子束曝光技术

电子束曝光是集成电路制造中的一种高精度、高分辨率的微细加工工艺,它利用电子束来对光刻胶进行曝光,从而形成微米级别的图形,在集成电路制造、光学器件制造等领域得到了广泛应用。首先,电子束曝光与光学曝光不同,它不需要光刻掩模板。它是利用电子束来直接对光刻胶进行曝光,利用计算机系统控制电子束运动,在光刻胶上用电子束画图形和扫描曝光(即电子束辐照区域为曝光区域),如图 9.3 所示。电子束曝光机主要由电子枪、聚焦镜、缺陷控制器、电子束轨迹控制系统等部分组成。电子束通过聚焦镜集中成束状,在光刻胶表面进行扫描,从而形成微米级别的图形。其次,电子束曝光有着高分辨率、高精度、高对比度等特点,可以实现更高的细节控制。同时,电子束曝光的重复性较好,能够更好地满足高可靠性产品的制造要求。最后,电子束曝光的制造成本相对较高,并且对制造过程的环境要求严格,需要在超高真空环境下进行。另外,电子束曝光技术对设备的稳定性和精度要求较高,需要使用高精度的设备和材料。综上所述,电子束曝光是一种高精度、高分辨率的微细加工技术,能够更好地满足高可靠性产品的制造要求。随着科技的不断进步,电子束曝光技术不断发展,如多束阵列电子束曝光技术等,为微电子器件制造提供了更多的选择和可能性。

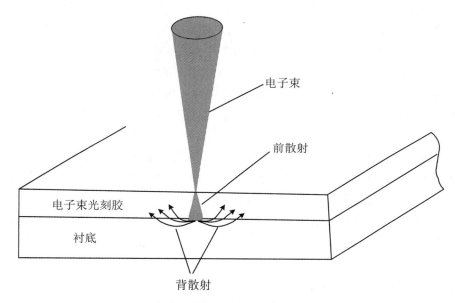

图 9.3　电子束直接在光刻胶上画图形进行曝光

当然,电子束曝光工艺过程与光学曝光工艺过程相似,也经历烘烤、增黏性处理、旋涂胶、前烘、曝光、显影、后烘等过程。这里不再详细论述。

9.3　纳米压印技术

纳米压印技术是一种微纳加工技术,它利用模板对纳米级别的物质进行加工。纳米压印技术可以实现高分辨率、高精度的制造,因此在微电子、生物科学、能源材料等领域得到了广泛应用。首先,纳米压印技术是利用压印模板对待加工物质进行加工。压印模板表面具有亚微米或纳米级别的结构,利用压印机将模板和待加工物质压合,从而在待加工物质表面上形成纳米级别的图形。其次,纳米压印技术具有高分辨率、高精度、高可重复性等特点,可以制造出具有高精度、高性能的微纳器件。同时,该技术可以在多种材料上进行加工,如半导体材料、金属材料、聚合物材料等。此外,纳米压印技术还有一些局限性,如模板制造成本较高,且容易受到损伤或污染;并且压印加工时间较长,制造效率较低。最后,纳米压印技术对材料的物理化学性质要求较高,需要选择合适的材料进行加工。综上所述,纳米压印技术是一种高精度、高分辨率的微纳加工技术,具有广泛的应用前景。随着材料科学和纳米技术的不断发展,纳米压印技术也将不断优化和改进,为人类带来更多的技术创新和发展。

纳米压印技术的原理非常简单,只是通过外加机械力,使具有微纳米结构的模板与压印胶紧密贴合,处于黏流态或液态下的压印胶逐渐填充模板上的微纳米结构,然后将压印胶固化,分离模板与压印胶,就等比例地将模板结构图形复制到了压印胶上,最后通过刻蚀等手段,将压印胶上的结构转移至衬底上。实质上纳米压印技术就是把传统的模具复型技术直接应用于微纳加工领域。从纳米压印技术的原理和工艺过程可以看出,纳米压印技术不需要任何复杂的设备,非常容易实现。它不受光学衍射极限的限制,即使模板上的结构只有几十纳米,甚至几纳米,也可以复制其结构。它的工作方式是平面对平面的复制,工作面积大、速度快,时间主要用于压印胶充分进入模板的微纳米结构中,然后固化就可以了。

当然在纳米压印的基本工艺过程中,模板的制备在纳米压印技术中是非常关键的一个部分,模板的质量很大程度上决定了纳米压印的质量。模板的材料最早都是硬质材料,如石英、硅衬底等,后来发展出柔性材料,如聚二甲基硅氧烷(PDMS)、IPS等,甚至是两类材料的复合模板。不同的模板材料应用于不同的压印方法中。通常纳米压印模板的制备成本比较高,尤其是大面积、高分辨率的模板,并且要求模板耐用度高、性能稳定、有好的抗黏性。另外,由于纳米压印过程中通常需要一定的温度和压力,从而要求模板硬度高、热膨胀系数小。通常人们利用电子束曝光技术制备纳米压印模板,因为纳米压印模板的尺寸可以是百纳米甚至更小到几纳米,所以纳米压印模板通常用电子束曝光技术制备,如图9.4所示。

同样的电子束曝光后的图形,用不同的图形转移方法制备的模板结构不同。其中,通过直接刻蚀获得的模板与沉积后再刻蚀或电镀法获得的模板结构互为反版。因此,在用电子束曝光制备模板之前,就需要考虑好后期的图形转移工艺。对于制备好的纳米压印模板,在正式使用之前,必须进行一些表面处理,以降低压印模板和压印胶之间的黏附性,这对于成功脱模并保护和延长模板的寿命至关重要。最早在纳米压印技术中使用抗黏层的材料是聚四氟乙烯,现在用自组装单分子层,如含氟的有机硅烷。自组装单分子层作为抗黏层的优点是它很薄,当前已经生产出达到1 nm厚的抗黏层,这对于模板特征结构非常小的压印工作至关重要,但是这种薄的抗黏层寿命有限。

在纳米压印技术中使用的压印胶主要是高分子聚合物材料,与其他微纳加工技术中使用的光刻胶类似,主要不同点在于压印胶在压印过程中受力并发生形变,然后通过某种固化方式使其结构固定;而其他微纳加工技术中使用的光刻胶无需受力或者受力非常小。压印胶是纳米压印技术中除模板外另一个重要因素。压印胶的选择通常要考虑以下几个方面:在温度和压力变化下,尺寸伸缩足够小,这样才能保证压印后光刻胶上的图形结构与模板上的结构一致;在固化后有足够的机械强度,以便脱模时不会被损坏而导致出现压印缺陷;为增加压印效率,要求压印温度下黏性小,可以迅速填充模板结构中的缝隙,另外固化速度也要求越快越好;压印胶的抗刻蚀性能也要好,因为压印完成后,需要把压印胶上的图形转移到衬底上。

在压印技术中,对压印胶的使用主要通过旋涂、滴胶、滚涂、喷雾、提拉等方法,其中以旋涂最为常用。旋涂就是将纳米压印胶均匀地滴在平坦洁净的衬底上。其原理是衬底在高速下旋转产生的离心力使得压印胶均匀地涂在衬底表面。关于压印胶厚度的选择是基于所需压印的模板图形结构的宽度和深度来定夺的。通常旋涂的压印胶厚度要略高于模板厚度，以确保模板与衬底没有硬接触，保护模板在压印过程中避免损伤。但是旋涂的压印胶厚度过厚，会导致压印后留下很厚的残胶，对后期工艺的影响很大，因此厚度选择需要酌情考虑。

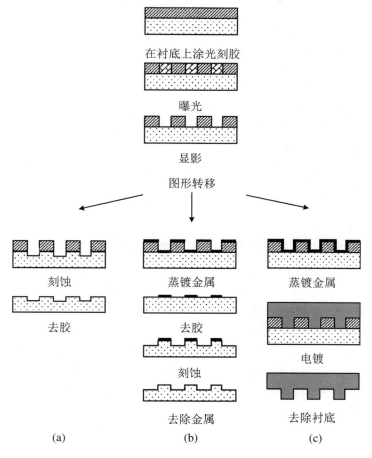

图 9.4　电子束曝光技术制备纳米压印模板的示意图
三类不同的图形转移方法：(a) 直接刻蚀法；(b) 沉积再刻蚀；(c) 电镀法沉积金属膜。

　　在制备好模板并在衬底上旋涂好压印胶之后，将两者相对放置。根据所使用的压印胶性质的不同，调制外加机械压力大小、温度和时间等条件，使处于黏流态或液态下的压印胶逐渐填充模板上的微纳结构，然后将压印固化。不同性质的压印胶，其固化的方式也不同，例如，热压印胶通过降温方式固化，紫外压印胶通过紫外光辐照方式固化等。压印胶固化之后，就需要进行脱模，即分离模板与压印胶的过程，如图 9.5 所示。

　　脱模过程主要是通过外力破坏固化后的压印胶与模板之间黏附力的过程。这个过程对纳米压印图形的质量和模具寿命等方面都起到至关重要的影响。该过程极易破坏压印胶上的压印结构的完整性，进而导致结构缺陷等现象。为使脱模成功，保证聚合物与模板分离并附在衬底上，而不使聚合物黏附在模板上与衬底分离，这就需要确保聚合物与衬底的黏附力大于其与模板的黏附力。

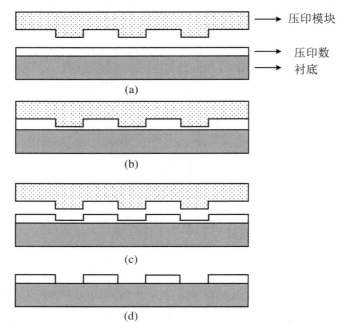

图 9.5　热压印脱模过程

　　纳米压印的最后一步是图形转移工艺,该步骤通过刻蚀等技术,将压印胶上的结构转移至衬底上。纳米压印图形的转移与光学曝光和电子束曝光后的图形转移相同,可以使用化学、物理或者两者结合的方法,将掩模板上的结构复制到衬底上。例如,湿法刻蚀技术是利用溶液与压印衬底材料之间的化学反应,去除没有胶保护区域的聚合物的方法。而干法刻蚀技术是比较通行的进行图形转移的方法,主要包括两种方式:一种是将聚合物图形作为模板直接进行刻蚀;另一种是先沉积金属,然后通过溶脱技术将图形转移至衬底上再刻蚀。直接刻蚀得到的衬底图形结构与模板互为反版结构(即模板是上凸结构,对应在衬底上就是下凹结构),而沉积后刻蚀得到的衬底图形结构与模板一致(图 9.2)。

9.4　刻 蚀 技 术

　　刻蚀技术主要通过化学或物理刻蚀的方式,将材料表面的物质逐渐剥离,形成所需的结构或形貌。刻蚀技术广泛应用于半导体器件制造、MEMS 器件制造、光学元件制造等领域。首先,刻蚀技术根据不同的加工材料和加工方法,可以分为干法刻蚀和湿法刻蚀两种。干法刻蚀主要通过物理气相法或化学气相法对材料进行刻蚀,而湿法刻蚀主要通过化学溶液对材料进行刻蚀。其次,刻蚀技术具有高加工精度、高加工速度、高加工效率等优点。在半导体制造中,刻蚀技术可以实现亚微米级别的加工精度;在 MEMS 制造中,刻蚀技术可以实现微机械结构的制造;在光学元件中,刻蚀技术可以实现微米级别的加工精度。此外,刻蚀技术也存在一些局限性,例如,干法刻蚀技术需要高成本的设备和材料,并且产生的废气对环境污染严重;湿法刻蚀技术需要处理废液等问题。最后,刻蚀技术在加工过程中也容易产生损伤或变形,需要控制技术参数和加工条件。综上所述,刻蚀技术是一种重要的微纳加工技术,具有广泛的应用前景。随着材料科学和微纳加工技术的不断发展,刻蚀技术也将不断优化和改进,为人类带来更多的技术创新和发展。

这里我们讨论一下刻蚀技术的基本原理和技术特点。在微电子技术中,刻蚀工艺通常作为微纳图形结构的转移方法,将光刻、压印或电子束曝光得到的微纳图形结构从光刻胶上转移到功能材料的表面。刻蚀工艺在微纳器件制备过程中,通过逐层去除光刻胶等掩模图形中裸露位置下方的衬底材料,将掩模上的图形转移到材料表面。将掩模图形完整、精确地转移到衬底材料中并具有一定的深度和剖面形状是刻蚀工艺的基本要求。主要通过以下参数来进行:

(1) 刻蚀速率是目标材料单位时间内刻蚀的深度。刻蚀速率需要在工作效率和控制精度之间达到平衡。

(2) 选择比也叫抗刻蚀比,它是刻蚀过程中掩模与刻蚀衬底材料的刻蚀速率之比。刻蚀选择比要求刻蚀掩模的速率越慢越好。对于特定深度的材料刻蚀,可以通过刻蚀选择比来选择对应厚度的掩模。高抗刻蚀比表明掩模消耗小,有利于进行深刻蚀。

(3) 方向性或各向异性度,它是掩模图形中暴露位置下方的衬底材料在不同方向上刻蚀的速率比。如图 9.6 所示,如果在各个方向上刻蚀速率相同,则称为各向同性刻蚀。如果在某一方向上刻蚀速率最大,则称为各向异性刻蚀。通常的图形转移都希望刻蚀出图形轮廓陡直的结构,这就要求在垂直掩模方向上刻蚀速率最大,而在平行掩模方向上不发生刻蚀,这就是完全各向异性刻蚀。

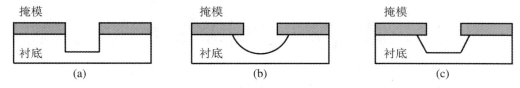

图 9.6　不同方向性的刻蚀示意图

(a) 完全各向异性;(b) 各向同性;(c) 部分各向异性。

(4) 刻蚀深宽比,它是刻蚀特定图形时,图形的特征尺寸与对应能够刻蚀的最大深度之比,能反映出刻蚀保持各向异性的能力。

(5) 刻蚀粗糙度,它包括边壁的粗糙度和刻蚀位置底面的粗糙度,能反映出刻蚀的均匀性和稳定性。

刻蚀技术的原理是在目标功能材料表面进行化学反应或物理轰击,从而从表面逐层去除特定区域的目标材料。常见的刻蚀方法包括化学湿法腐蚀、等离子体干法刻蚀等。

化学湿法腐蚀是最早应用于微纳结构制备的图形转移技术。它主要通过将一个有掩模图形覆盖的功能材料衬底放入合适的化学溶液中,侵蚀衬底的暴露部分而保护被胶保护的部分来实现。化学腐蚀方法能够实现很高的刻蚀选择比,但由于在刻蚀材料上的化学反应通常都与方向无关,因此这种刻蚀往往是各向同性的,容易造成各向同性的结构(图 9.6(b)在掩模下方出现砖蚀),这使得化学湿法腐蚀的图形不太可能有较高的分辨率。不过某些溶液对特定的单晶材料不同晶面方向会有不同的腐蚀速率,所以还是可以形成各向异性的腐蚀。在化学湿法腐蚀的过程中,除了掩模材料与刻蚀溶液的选择外,还包括温度决定的速率主控反应,以及反应物或生成物输运分布决定的质量输运受限反应。因此,湿法腐蚀的速率和被腐蚀图形的最终形状还取决于溶液的浓度、温度及掩模图形的特征尺寸、腐蚀深度,甚至腐蚀过程中的搅拌程度等多个因素。

随着刻蚀技术的快速发展,干法刻蚀的概念也在不断地丰富起来了。从早期的简单物理粒子轰击刻蚀延伸到当前所有非湿法的刻蚀技术,如激光刻蚀、反应蒸气剂刻蚀等。但通常所提到的干法刻蚀在绝大多数情况下都是特指应用最为广泛的离子束刻蚀或反应离子刻蚀。离子束刻蚀是 20 世纪 70 年代发展起来的一种物理刻蚀方法,也是最早的物理干法刻蚀。这种方法是利用惰性气体的离子束,让入射离子在低压($0.1 \sim 10$ Pa)下高速轰击目标材料表面,当传递给材料原子的能量超过其结合能时,固体原子因这种溅射而脱离其晶格位置,从而使目标材料的原子层可连续地被去除。

离子束刻蚀是一种纯物理刻蚀,能适用于任何材料。通过定向运动的入射离子轰击材料表面,它的作用区域为 10^{-20} cm^3,作用时间为 10^{-12} s。因此,离子束刻蚀具有很高的分辨率和极好的各向异性。但是离子束刻蚀同样存在一些难以克服的问题:纯物理刻蚀对任何材料都能进行刻蚀,这就决定了离子束刻蚀的掩模和衬底不可能有很好的选择比,不太可能实现较深的刻蚀;入射到目标材料表面的离子能量很高,在溅射的同时还将穿过材料表面进入材料深层变成离子注入,对目标样品带来不可避免的损伤;另外,刻蚀的产物是非挥发性的,溅射产物有可能再次沉积到样品的其他位置,形成二次沉积,影响刻蚀效果。

为了克服离子束刻蚀中出现的问题,人们在离子束刻蚀系统中引入了化学反应机制,其中包括离子轰击与化学反应结合的反应离子刻蚀(RIBE)和化学辅助离子束刻蚀(CAIBE)。RIBE 采用化学反应气体离子束,并根据所刻蚀的材料选择某种气体或混合气体。这种气体或混合气体在自然状态下不一定会与材料发生化学反应,但是在离子源系统电离抽取形成离子束后,当其轰击到目标材料表面时,不仅会直接溅射,还会与表面受轰击的原子发生化学反应,形成的刻蚀产物不仅仅是固体,还可以形成挥发性气体,最后由真空系统抽除。在 RIBE 过程中,离子定向轰击保证了离子与目标材料原子的化学反应具有很好的方向性,因此,RIBE 同样具有较高的各向异性能力。此外,RIBE 还能强化表面吸附气体分子与表面材料的化学反应,从而成倍地提高对目标材料的刻蚀速率。相对于单纯离子束物理刻蚀,RIBE 利用离子轰击与化学反应相结合的方法成倍地提高了刻蚀速率,同时大大提高了刻蚀的选择比,使大深宽比的图形刻蚀成为可能。

综上所述,微纳加工技术在纳米材料与半导体器件的电学、光学、磁学等方面发挥着不可替代的作用。这种技术的出现,不仅帮助人们开发出了更小巧、更精密的器件和设备,而且大大改善了生产效率和产品质量。它可以实现高精度、高速度、高效率的加工和制造,可以减少人工操作、减少原材料浪费,进而提高生产效率。利用微纳加工技术可以制造出更小巧、更精密、集成度更高的器件和设备,这些产品可以更好地适应市场需求,提高产品性能和质量。微纳加工技术可以帮助科学家制造出更加精密的实验设备,加速科学研究的进程,进而推动科学的发展和创新。它在电子、光电、生物等多个领域的应用,可以推动工业升级,提高国家经济实力。微纳加工技术的发展需要涉及材料、设备、工艺、制造等多个领域,可以带动产业链的发展,形成新的增长点和就业机会。微纳加工技术在现代工业和科学研究中具有重要的价值和作用,是推动社会进步和创新的关键技术之一。

第 10 章　半导体器件辐射效应

半导体器件中的辐射效应是指它们在高能粒子或电磁辐射的辐照下产生的电学特性变化。半导体器件在强电离辐射的作用下，如高能质子、中子、γ 射线等，所产生的物理损伤和电学性能变化，包括反向漏电流增加、正向电流下降、阈值电压偏移等，它们会导致半导体器件的性能下降或完全失效，对于航空航天、核电站等高可靠性应用的半导体器件来说，这种损伤效应是一个重要的考虑因素。同样地，半导体器件在较低的电离辐射作用下，如太阳辐射、地球辐射等，会产生电学性能变化和暂态故障，包括：静电敏感性增加、单粒子翻转、单粒子失效等。该类故障效应对于一些电子产品的可靠性和稳定性也是一个重要的考虑因素。为了减少辐射效应，半导体器件的设计和制造需要采用较好的材料、结构和工艺，并且需要进行较好的辐射试验和评估。同时，半导体器件的设备和系统也需要采取辐射防护措施，以减少辐射造成的影响和损害。

10.1　器件辐射损伤

半导体器件的辐射损伤分为电离辐射损伤和位移损伤。半导体的电离辐射损伤是指半导体材料在受到高能粒子的辐射或电离辐射时，会导致其内部原子结构和化学键的破坏，从而引起电学、光学等性能的变化。典型的电离辐射损伤机制包括电离、电子和空穴的产生、再结合和扩散等过程。这些过程会引起半导体内部空穴和电子的浓度变化、晶格缺陷的形成、杂质原子的激活等，从而导致半导体器件的性能变差或失效。半导体的电离辐射损伤是电子器件在高辐射环境下工作时的一个主要问题。在一些半导体电路中，电离辐射损伤甚至会导致器件失效。为了减轻电离辐射损伤，人们通常采用各种措施，例如选择辐射硬化的材料、改变器件结构、增加辐射屏蔽等。此外，研究人员还研究了各种辐射硬化技术，例如辐射后退火、低温退火等，这些技术可以在一定程度上减轻半导体的电离辐射损伤。

半导体器件的位移损伤是指在电子器件中，当器件遭受辐照或其他粒子束等辐射环境时，电子器件中的晶格结构发生变形，从而导致器件性能降低的现象。当位移事件发生时，高速粒子与半导体晶体原子之间的相互作用会导致晶格中原子的位置发生偏移，从而引起晶格的变形和缺陷，这些缺陷会降低半导体器件的电学性能，如漏电、失真、断电等，甚至会导致器件失效。半导体器件的位移损伤是半导体电路辐射硬化的一种重要因素。为了减轻位移损伤，人们通常采用各种措施，如改变半导体材料的成分、改变器件的结构、增加辐射屏蔽等。此外，半导体器件的研究人员还研究了各种辐射硬化技术，例如修复技术、压制技术等，这些技术可以在一定程度上减轻半导体器件的位移损伤。造成位移损伤所需的能量比电离辐射损伤所需的能量大很多。

影响半导体器件功能和性能的三种空间辐射的基本效应是总剂量(TID)效应、位移损伤(DD)效应和单粒子(SEE)效应。

1. 总剂量效应

总剂量效应是一种能够影响器件整体功能和性能的效应。在辐射作用下,器件材料所积累的总能量决定了辐射损伤对器件性能的影响程度。TID效应是指器件长期积累的辐射能量导致器件整体功能和性能参数逐步降级退化的效应。例如,当材料吸收的能量超过禁带宽度时,电子从价带跃迁到导带,产生额外的电子-空穴对。此外,辐射能量也会被晶格吸收,导致热效应等。

2. 位移损伤效应

位移损伤效应是由入射粒子作用于材料结构或晶体点阵中的原子,使原子脱离正常位置,形成"间隙原子"和"点阵空位"这样的缺陷中心所引起的。同时,粒子作用会产生声子激发和二次电子。该效应的程度受入射粒子的能量、粒子种类和粒子能量等因素影响。与总剂量效应类似,辐射产生的位移损伤也是长期积累的结果,会导致器件退化。但位移损伤效应和总剂量效应的机理不同,因此采取的抗辐射措施也不同。中子和高能质子是位移损伤的主要来源,其中,中子辐射并不是以产生电子-空穴对为主的能量损失机制。

3. 单粒子效应

单粒子效应是指当单个粒子穿过器件时,会在其轨迹上产生高密度电荷,从而对器件内部的局部某个或几个pn结产生影响。这种扰动通过传输、放大或诱发其他寄生效应,进而导致器件损伤。与位移损伤不同,单粒子效应不仅影响器件状态,还会导致状态锁定或永久性损坏。单粒子产生的电荷量与其类型和能量有关,因此高能带电粒子撞击材料后,大部分能量用于产生电子-空穴对,仅有不足1%的能量用于位移损伤。

当粒子撞击器件时,会在器件上沉淀足够的能量,产生大量电子-空穴对,引起软错误和硬错误两种SEE错误。器件的固有特性是软错误的主要原因。单粒子翻转(SEU)通常是一个尖脉冲或位翻转。单粒子辐射影响下,在组合逻辑电路或数模转换器中,器件输出端可能产生尖脉冲,导致单粒子翻转或位翻转。在器件控制电路中,单粒子翻转会导致错误,但可通过器件复位使电路恢复正常。硬错误或永久性错误是器件的物理损伤,会导致器件永久性失效。单粒子烧毁是一种常发生在功率MOSFET漏源间的击穿烧毁。单粒子栅击穿是一种常发生在功率MOSFET栅氧化层的击穿烧毁。

10.2 双极晶体管辐射损伤基本现象

硅基双极半导体器件是空间电子设备采用的重要器件类型,而双极模拟器件有着特殊的辐射效应,如对低剂量辐射响应等特性不同于其他类型的器件,与其设计、工艺加工方法密切相关。为了减轻空间辐射效应对双极半导体器件的影响,可以选择具有较高抗辐射能力的材料和工艺制造器件,采用多重冗余设计,提高系统容错能力,或者加装抗辐射保护措施,如屏蔽、退火等。硅基双极半导体器件受辐射的影响主要表现在性能和功能的扰动、pn结穿通、电流增益下降、驱动能力降低、工作点漂移、输出阻抗变化等现象。这些会导致电子系统产生错误,严重时会导致电子系统失效。

1．单粒子翻转和单粒子扰动现象

当高能粒子入射双极晶体管有源区时，产生电荷，并被放大，使晶体管的输出瞬间被扰动，并可能使晶体管进入饱和状态，当超过电路的噪声容限时，输出端将产生逻辑状态变化或模拟信息假象。

2．结穿通效应

当粒子入射穿过双极晶体管的 EB 和 BC 结时，所产生的电荷使耗尽区被瞬间"中和"，C-E 间形成一个电阻通道，C-E 极"穿通"，造成双极晶体管导通的假象。

3．电流增益下降现象

在电离辐射剂量累积到一定量级时，双极晶体管的基极电流将增大，导致电流增益下降。（电流增益定义参考第 5 章）

10.3　双极晶体管辐射损伤基本机理

辐射对双极晶体管器件的损伤主要表现为三个方面：氧化层电荷积累产生的损伤、界面态电荷积累产生的损伤以及位移损伤。我们通过建立辐射机理与材料参数、工艺参数、设计参数等的关系，研究分析硅基双极晶体管的抗辐射加固基本方法和基本措施。

1．氧化层电荷积累产生的损伤

辐射使得氧化层产生电荷积累，这些俘获的正电荷改变了硅-二氧化硅界面电势，造成 p 型区耗尽甚至反型，n 型区积累，使 npn 的基区、pnp 的发射区耗尽（因为这些俘获的是正电荷），表面复合电流增加，基极电流增加，β 下降，造成双极晶体管损伤。

2．界面态电荷积累产生的损伤

界面态电荷的积累不仅使双极晶体管器件的表面电势发生改变，还会导致界面复合增加，造成过剩基极电流增加。基极-发射极耗尽区中的表面复合，与界面陷阱密度存在一定的比例关系。辐射会导致面陷阱密度增加，因而表面复合速度也呈比例增加，造成复合电流增加，进而导致基极电流增加。

3．位移损伤

对于空间辐射来说，主要由高能粒子产生的位移损伤，降低了电流增益。位移损伤造成电流增益特性退化的重要机理是少子寿命降低。虽然空间粒子辐射在半导体材料中会引起位移损伤等非电离效应，对双极晶体管器件 BE 结产生影响，明显增加闪烁噪声，但是空间电子、质子等电离辐射对表面复合的影响更为重要，其产生的电离辐射效应（电离辐射效应指材料中的原子电离所产生的正离子和自由电子使材料的电导特性改变）更为明显。

10.4　双极晶体管结构加固基本措施

总剂量辐射主要造成氧化层损伤和界面损伤。器件加固的主要思路是减弱这两种损伤对器件的影响。减小氧化层积累的正电荷，屏蔽或减弱辐射产生的正电荷对器件界面势的影响,是器件加固的根本措施。因此,除了控制器件掺杂浓度、氧化层或介质层缺陷和厚度等氧化层及其界面的工艺加固措施外,还应在器件结构等方面考虑加固措施。主要包括以下几个方面:

(1) 使用 npn 发射结 p^+ 保护环(图 10.1),或者增加基区表面浓度(防止基区被耗尽或者被反型)。其主要作用是防止辐射感应造成基区表面反型所构成的 CE 间漏电;消除或者限制由发射区有效面积增大而引起的基极电流增大(基极电流增大就导致增益下降)。由于 pn 结附近掺杂浓度相对较低,在辐射下首先产生反型的区域就是邻近 pn 结的 p 型基区,其载流子的积累使发射区有效面积增大,导致基极电流增大。

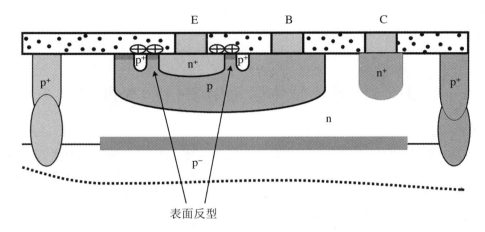

图 10.1 增加 p^+ 环限制表面反型使得发射区面积增大

(2) 减小基极与发射区之间的表面积,采用金属尽可能覆盖双极晶体管的有源区,特别是 EB 结。

(3) 采用深沟槽隔离工艺时,槽的侧墙和底部的 p^- 基区应引入浓度较高的 p 型区或 p^+ 区域,形成寄生沟道阻断区,阻止 p 型基区和 p 型衬底反型而导致沟道漏电,即阻止侧墙反型而导致发射极与集电极、相邻晶体管之间的漏电,如图 10.2 所示。但是其缺点是芯片面积增加和 EB 结电容增加。

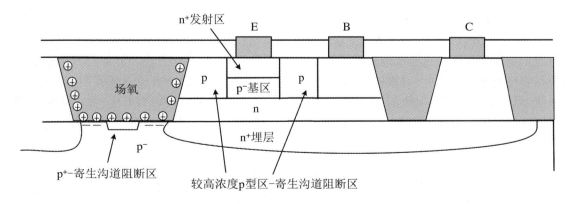

图 10.2 在侧墙、相邻晶体管之间增加浓度较高的 p 型区

(4) 减小电路中各个元件的横向面积,缩小有源区面积,提高发射区周长与集电区面积之比。较小的周长与面积比具有较小的辐射退化。一些广泛采用多个长条形组合的发射极条状结构,由于其周长与面积的比值较大,虽然满足了驱动能力的要求,但是它抗辐射效果差。

(5) 在设计规则允许的情况下,尽可能去除多余的结面积,特别是减小集电结和隔离 pn 结面积;同时采用浅结技术,减小结面积;在 CB 结间并接光电流补偿晶体管或采用 p^+ 埋层环等技术,阻断相邻晶体管间的辐射感应漏电沟道。

关于双极晶体管器件逻辑电路结构的加固,也会改善器件的辐射损伤,但是这部分内容超出本书范围,不再讨论。同样由于篇幅有限,我们不再介绍 MOS 器件、绝缘体上硅(SOI)晶体管等辐射效应及加固方法,具体内容可参考文献[15]。

参 考 文 献

[1] 黄如,王漪,王金延,等.半导体器件基础[M].北京:电子工业出版社,2010.

[2] 赵毅强,姚素英,史再峰,等.半导体物理与器件[M].北京:电子工业出版社,2016.

[3] 杨建红,李海蓉,田永辉,等.固态电子器件[M].北京:电子工业出版社,2021.

[4] 曾树荣.半导体器件物理基础[M].北京:北京大学出版社,2007.

[5] 滨川圭弘.半导体器件[M].彭军,译.北京:科学出版社,2004.

[6] Hall E H. On the new action of magnetism on a permanent electric current[J]. The London,Edinburgh,and Dublin Philosophical Magazine and Journal of Science,1880,10:301-328.

[7] Hall E H. On the "Rotational Coefficient" in nickel and cobalt[J]. The London,Edinburgh,and Dublin Philosophical Magazine and Journal of Science,1881,12:157-172.

[8] 顾长志,等.微纳加工及在纳米材料与器件研究中的应用[M].北京:科学出版社,2013.

[9] 姚汉民,胡松,邢廷文.光学投影曝光微纳加工技术[M].北京:北京工业大学出版社,2006.

[10] 蔡理,王森,冯朝文.纳电子器件及其应用[M].北京:电子工业出版社,2015.

[11] 阎守胜,甘子钊.介观物理[M].北京:北京大学出版社,1997.

[12] 李言荣,等.电子材料导论[M].北京:清华大学出版社,2000.

[13] B.Jayant Baliga.先进的高压大功率器件原理、特性和应用[M].于坤山,等,译.北京:机械工业出版社,2015.

[14] Shur M,Rumyantsev S,Levinshtein M.碳化硅半导体材料与器件[M].杨银堂,贾护军,段宝兴,译.北京:电子工业出版社,2012.

[15] 刘文平.硅半导体器件辐射效应及加固技术[M].北京:科学出版社,2013.